城市与生态文明丛书

俞孔坚 主编 陆小璇 副主编



# 城市生态设计

## 一种再生场地的设计流程

[美国] 达尼洛·帕拉佐　[美国] 弗雷德里克·斯坦纳 著

吴佳雨 傅微 译

译林出版社

**图书在版编目（CIP）数据**

城市生态设计：一种再生场地的设计流程 / (美) 达尼洛 · 帕拉佐（Danilo Palazzo），(美) 弗雷德里克 · 斯坦纳（Frederick Steiner）著；吴佳雨，傅微译. —南京：译林出版社，2024.9

（城市与生态文明丛书 / 俞孔坚主编）

书名原文：Urban Ecological Design: A Process for Regenerative Places

ISBN 978-7-5753-0179-4

I.①城… II.①达… ②弗… ③吴… ④傅… III.①城市环境－生态环境－城市规划－研究 IV.①X21

中国国家版本馆CIP数据核字(2024)第094474号



著作权合同登记号 图字：10-2023-458号

**城市生态设计：一种再生场地的设计流程**
**[美国] 达尼洛 · 帕拉佐 [美国] 弗雷德里克 · 斯坦纳／著 吴佳雨 傅 微／译**

责任编辑 王瑞琪
装帧设计 胡 苨
特约校对 梅 娟
责任印制 董 虎

原文出版 Island Press, 2011
出版发行 译林出版社
地 址 南京市湖南路 1 号 A 楼
邮 箱 yilin@yilin.com
网 址 www.yilin.com
市场热线 025-86633278
排 版 南京展望文化发展有限公司
印 刷 江苏凤凰通达印刷有限公司
开 本 652 毫米 ×960 毫米 1/16
印 张 21
版 次 2024 年 9 月第 1 版
印 次 2024 年 9 月第 1 次印刷
书 号 ISBN 978-7-5753-0179-4
定 价 73.00 元

# 主编序

中国过去三十年的城镇化建设，获得了前所未有的高速发展，但也由于长期以来缺乏正确的指导思想和科学的理论指导，形成了规划落后、盲目冒进、无序开发的混乱局面；造成了土地开发失控、建成区过度膨胀、功能混乱、城市运行低效等严重后果。同时，在生态与环境方面，我们也付出了惨痛的代价：我们失去了蓝天（蔓延的雾霾），失去了河流和干净的水（75%的地表水污染，所有河流的裁弯取直、硬化甚至断流），失去了健康的食物甚至脚下的土壤（全国三分之一的土壤受到污染）；我们也失去了社区，失去了自由步行和骑车的权利（超大尺度的街区和马路），我们甚至于失去了生活和生活空间的记忆（城市和乡村的文化遗产大量毁灭）。我们得到的，是一堆许多人买不起的房子、有害于健康的汽车及并不健康的生活方式（包括肥胖症和心脏病病例的急剧增加）。也正因为如此，习总书记带头表达对“望得见山，看得见水，记得住乡愁”的城市的渴望；也正因为如此，生态文明和美丽中国建设才作为执政党的头号目标，被郑重地提了出来；也正因为如此，新型城镇化才成为本届政府的主要任务，一再作为国务院工作会议的重点被公布于众。

本来，中国的城镇化是中华民族前所未有的重整山河、开创美好生活方式的绝佳机遇，但是，与之相伴的，是不容忽视的危机和隐患：生态与环境的危机、文化身份与社会认同的危机。其根源在于对城镇化和城市规划设计的无知和错误的认识：决策者的无知，规划设计专业人员的无知，大众的无知。我们关于城市规划设计和城市的许多错误认识和错误规范，至今仍然在施展着淫威，继续在危害着我们的城市和城市的规划建设：我们太需要打破知识的禁锢，发起城市文明的启蒙了！

所谓“亡羊而补牢，未为迟也”，如果说，过去三十年中国作为一个有经验的农业老人，对工业化和城镇化尚懵懂幼稚，没能有效地听取国际智者的忠告和警告，也没能很好地吸取国际城镇规划建设的失败教训和成功经验；那么，三十年来自身的城镇化的结果，应该让我们懂得如何吸取全世界城市文明的智慧，来善待未来几十年的城市建设和城市文明发展的机会，毕竟中国尚有一半的人口还居住在乡村。这需要我们立足中国，放眼世界，用全人类的智慧，来寻求关于新型城镇化和生态文明的思路和对策。今天的中国比任何一个时代、任何一个国家都需要关于城市和城市的规划设计的启蒙教育；今天的中国比任何一个时代、任何一个国家都需要关于生态文明知识的普及。为此，我们策划了这套“城市与生态文明”丛书。丛书收集了国外知名学者及从业者对城市建设的审视、反思与建议。正可谓“以铜为鉴，可以正衣冠；以史为鉴，可以知兴替；以人为鉴，可以明得失”，丛书中有外国学者评论中国城市发展的“铜镜”,可借以正己之衣冠;有跨越历史长河的城市文明兴衰的复演过程,可借以知己之兴替;更有处于不同文化、地域背景下各国城市发展的“他城之鉴”,可借以明己之得失。丛书中涉及的古今城市有四十多个,跨越了欧洲、非洲、亚洲、大洋洲、北美洲和南美洲。

作为这套丛书的编者,我们希望为读者呈现跨尺度、跨学科、跨时空、跨理论与实践之界的思想盛宴:其中既有探讨某一特定城市空间类型的著作,展现其在健康社区构建过程中的作用,亦有全方位探究城市空间的著作,阐述从教育、娱乐到交通空间对城市形象塑造的意义;既有旅行笔记和随感,揭示人与其建造环境间的相互作用,亦有以基础设施建设的技术革新为主题的专著,揭示技术对城市环境改善的作用;既有关注历史特定时期城市变革的作品,探讨特定阶段社会文化与城市革新之间的关系,亦有纵观千年文明兴衰的作品,探讨环境与自然资产如何决定文明的生命跨度;既有关于城市规划思想的系统论述和批判性著作,亦有关于城市设计实践及理论研究丰富遗产的集大成者。

正如我们对中国传统的“精英文化”所应采取的批判态度一样,对于这套汇集了全球当代“精英思想”的城市与生态文明丛书,我们也不应该全盘接受,而应该根据当代社会的发展和中国独特的国情,进行鉴别和扬弃。当然,这种扬弃绝不应该是短视的实用主义的,而应该在全面把握世界城市及文明发展规律,深刻而系统地理解中国自己国情的基础上进行,而这本身要求我们对这套丛书的全面阅读和深刻理解,否则,所谓“中国国情”与“中国特色”,就会成为我们排斥普适价值观和城市发展普遍规律的傲慢的借口,在这方面,过去的我们已经有过太多的教训。

城市是我们共同的家园,城市的规划和设计决定着我们的生活方式；城市既是设计师的，也是城市建设决策者的，更是每个现在的或未来的居民的。我们希望借此丛书为设计行业的学者与从业者，同时也是为城市建设的决策者和广大民众，提供一个多视角、跨学科的思考平台，促进我国的城市规划设计与城市文明（特别是城市生态文明）的建设。

俞孔坚<br>北京大学建筑与景观设计学院教授<br>美国艺术与科学院院士

# 目　录

致　谢……1

再版序……3

导　论……1

第一章　方法程序……27

第二章　先决条件……41

第三章　认　知……52

第四章　整　合……104

第五章　选择决策……143

第六章　交流对话……186

第七章　总体规划……211

第八章　展示汇报……226

第 九 章　详细设计……250

第 十 章　方案实施……268

第十一章　总　结……286

参考文献……297

# 致 谢

这是一本最初由达尼洛·帕拉佐以意大利文和英文编写的主要面向欧洲读者的再版书。他后来邀请了弗雷德里克·斯坦纳加入，以融合城市设计、城市生态学和生态规划中的内容，并且合作来编撰更加专注于北美的版本。尽管关注点在改变，但是帕拉佐和斯坦纳继续使用了欧洲和北美的例子，而更多地强调后者。

我们由衷地感激以下学者的建议：阿尼塔·斯塔博·阿赫马蒂、安吉拉·克鲁齐、芭芭拉·法加、塔利亚·麦格雷、史蒂文·穆尔、桑迪·罗森布鲁姆和张明。在美国得克萨州大学奥斯丁分校、意大利米兰综合技术大学，阿赫马蒂女士、拉蒙·布斯、克鲁齐女士、莎拉·哈默施密特、克里斯蒂娜·玛辛、帕梅拉·彼得斯、米歇尔·沙恩、简·富特雷尔·温斯洛等人为这本书的写作提供了重要帮助。此外，由威廉·C. 鲍尔斯主席提供的得州大学奥斯丁补助资金，也为本书提供了重要帮助。

伯德·约翰逊夫人野花中心的丹尼尔·皮耶拉农齐和前野花中心研究主任史蒂夫·温德海格利用“可持续场地倡议”(Sustainable Sites Initiative)的信息为我们提供了特殊的帮助。皮耶拉农齐先生在高角(High Point)和弗雷泽角(Point Fraser)案例的研究上提供了显著的帮助。同时，萨里·坎贝尔提供了得克萨斯州中部愿景设计的图片，还有马修·杜根和格雷戈里·格莱克斯顿为奥斯丁市所做的设计。我们也感激苏珊娜·德雷克的公司对本书的贡献。

我们非常珍视岛屿出版社在整个出版过程中的贡献，最重要的是我们的编辑希瑟·博耶。我们也同样感激岛屿出版社团队的其他人，包括考特尼·里克斯、安吉拉·奥斯本和莎莉丝·西蒙尼安。

最后，达尼洛·帕拉佐还是乐于向他的伙伴和朋友弗雷德里克·斯坦纳表示不同寻常的感谢，为了他对项目的信任，以及从一开始就以极大的热情分享他的知识。

# 再版序

1998年，我有幸参与了EMBT事务所在巴塞罗那的设计项目——蒂亚戈诺·马尔公园，并为自己能与这样的天才创作团队合作而感到愉快。为了更契合巴塞罗那的城市规划和推进设计，客户杰伊·韦珀和海因斯建议我们改进方案，以实现可持续的景观发展和公园利用。虽然这听起来不算陌生，但在当时看来却是西班牙综合公园规划的先例。因此，我们急需有这方面研究经验的专家相助，正好那年夏天弗里茨·斯坦纳博士因获得罗马奖金（Rome Prize）而留在欧洲讲学；我们就有机会同他一起完成了公园可持续规划的方案设计，内容涉及景观、水体、土壤、硬质景观、标志物、解说系统等方面。虽然我说是我们一起完成了方案，但实际上是弗里茨先生告诉我们怎么做，我们就怎么做。

随后，《蒂亚戈诺·马尔公园的可持续规划》被翻译成加泰罗尼亚语，并成为该地区一个公园设计和建造的样板。这个公园面积约8.1公顷，是由曾用作货运仓库的城市棕地改造而成的。可持续规划绝不是虚有其表。几年后，还是这个公园，改造者以追求视觉至上的理念将水体的自然岸线硬化、直化，铲除水岸交界处的自然景致，甚至用化学试剂消除了水体中的乡土植被和生物；我们告诫其回归改造前的可持续规划理念，其中明确禁止用这样的手段处理土壤、水体和场地。时间的检验最终证明我们是对的。如今，这处公园郁郁葱葱，还成为可持续设计的获奖案例。 从这个简单案例就可以看出，可持续规划理念与设计方案在实际中的效果呈现是要耐得住等待、经得起质疑的；这个公园证实了注重生态环境产生的正效应，这也是本书中其他很多案例所证明的一点。

可持续规划理念的确是个新说法，20世纪后五十年里，很少有设计师熟悉或者愿意花时间和精力来关注可持续的、生态的设计。尽管人们认为在设计中有可持续性的想法还是不错的，但在好的设计中却也可有可无；更别说能意识到可持续性在设计中的必要性了。看看自1950年以来，有多少景观是我们刻意为之、投其所好而来的。我们试图在不毛之地缀上草坪，在干旱地区营建水景——几乎所有的公共活动场所都充斥着这种人工味儿的景观——当然这些设计在如今看来都是失败之举，甚至被视为吸引人前来的一出闹剧；不然也不会把那么多喷泉池子用来做花坛了。过去也有一部分设计师认同可持续理念的设计并将其付诸实践，然而人们总认为不对大自然做点人工味儿的改造就像没做过设计；这是那个年代的共识。

幸运的是，以上情况并未泛滥成灾。在冗余的案例之中，仍然可以找到一些成功的例子，那些经得住时间考验而始终未被淘汰的设计。它们就是20世纪美国著名风景园林师威廉·梅尔塔格和加雷特·埃克

蒂亚戈诺·马尔公园(迪克西·卡里略摄)

博所期望的那种顺应自然进程的设计典范,因而能够在城市快速发展而大拆大建的80年代至90年代里安然无恙。直到今天,它们都是美国城市(众所周知的比如旧金山、迈阿密、夏洛特)的迷人风景,迎接着一批又一批游客的参观。

我们曾经很少考虑生态系统,最多不过应政府要求设计一两个澄清池,还将其放置在场地角落边缘等不显眼处,就像处理一件多余的东西那样;但是,我们心里还是不舒服,因为那池子不修边幅,与场地景观格格不入。我们也曾简单粗暴地排干填埋沼泽;可是现在它们被视为湿地景观,于是我们谨慎为之,不轻易移栽那里的一棵树一株草。如今,连LEED (Leadership in Energy and Environment Design, 1998年成立) 组织的成员也都十分重视设计的生态意义了——要知道几年前,他们曾鼓动将一处完好的历史建筑翻修改造,以证明所有陈旧的东西都可以变得崭新。

是啊，如果设计不是本着“保护”、“维护”、“美化”等理由，那么设计除了是设计师的自我展示之外还能是什么？做设计最重要的是要有根有据，这样才可能获得认可。如果设计仅仅是设计师自我的彰显，那么我们又如何对毁坏绿地所造成的损失作出令人信服的解释？

十多年前，一次事件激发了我对这个问题的思考。当时我在参加一场高度情绪化的社区讨论，前来了解设计项目的市民公然叫嚣离场，让设计师颜面尽失。我想每一个有过向公众展示设计概念经历的设计者都应该清楚，在那种情况下，即使是最自信、最有实践经验的演说者都希望能有一套完整的理论来为自己辩护以摆脱尴尬境地。虽然做设计很多年，但我们没有形成理论——就是觉得那样做看起来不错，与场地契合；所以我们就那么做了，并试图说服客户接受我们的方案。我们根本不考虑为场地本身寻找这样做的理由。

结合我三十五年的设计经历与晚年博士阶段对于理论的探索，我发现实践与理论之间必然存在着灵活的联结体。设计者也是问题的解决者：因为在实践前，往往需要对所遇到的问题进行详细的评估；我们需要分析细节，作出应对设想，寻找最优解决途径，以形成最终的设计。好的理论能帮助设计者确立解决步骤、提供科学依据、给以鼓励和慰藉。此外，设计的理论依据是一个体系，因而我们遇到的问题都能够在那个体系中找到思路与解决途径。从设计的理论中，就可以读出设计本身的发展进程（例如形式与材质的变化）；当然，这些改变有的十分成功，有的则很失败。实际上，研究理论的学者为设计的实践者提供了巨大的帮助，因为他们在得出一个科学合理的理论的过程中经历了不断的量化、精确、提炼、组织与分析；但遗憾的是，很多设计者不愿意花时间和精力将其付诸实践。我想，他们还没意识到设计的实践阶段是多么离不开理论支持。理论设置了目标，并为实践者遇到的问题提供支持。

有经验的设计师很清楚设计不是一个线性不可逆过程，错了就不能改。事实上，我们现在以及将来要做的设计项目比过去的五十年要复杂得多，因为我们的设计对象中棕地的比例会越来越高。我们得改造和重建城市，研究恶化的景观；将那些曾经人口密集如今衰败的区域改造为农业用地，将曾经的郊区工业废弃地改造成新的城市中心……十几年前的那种周边环境不复杂、容易上手的绿地设计项目，很难再有了——虽然我曾以为工作会一直如此。我们得面对现实：容易的项目不再有，艰巨的任务遍地是。不论是波士顿的“大开挖”项目中的小型公园设计，还是巴塞罗那废弃轨道线路途径区域的改造项目，抑或亚特兰大汽车修理场地改造为中心商业区的设计，再比如米兰或迈阿密高楼林立中的林荫道与街头绿地项目；这些都不足为惧。因为我们是设计师，当周遭情况变得难以应对时，我们得打起大旗，充当先例。

在这本著作的编写中，学者们把城市设计与景观生态结合在一起进行讨论。斯坦纳和帕拉佐两位作者都是业界令人尊敬的人物，他们在生态、可持续性与城市设计方面堪称领袖。作为理论学者，他们能把握当下的设计理念动向，这得益于他们渊博的专业知识与广泛的讲学经历；作为设计实践者，他们用非常丰富的经验使人信服什么是行之有效的设计，什么不是。

回想当初，真希望我当时能花点时间研究卡米洛·西特、弗雷德里克·L.奥姆斯特德、比尔·希利尔、于尔根·哈贝马斯、简·雅各布斯、凯文·林奇等人的理论，来帮助我更好地完成设计；幸运的是，眼下我们还有斯坦纳和帕拉佐这两位优秀学者的著作。如今，很多院校的城市设计专业扩招；迈阿密大学和佐治亚理工学院近来均把其“郊区和城镇设计”专业改成了“城市设计”专业；越来越多的学生都奔着这个以前被忽视的专业来学习，意图毕业后到中国、印度和非洲的一些国家去施展才华。因此，斯坦纳和帕拉佐顺时著书，借助诸多设计案例，清晰地表述了景观发展的历史与现状，同时预测了我们的终极设计法则：坚持可持续的、生态为本的设计观。

该书正当其时。美国的数据表明，目前世界上一半的人都居住在城市；而到了2050年，世界平均城市化率将达66%；这表明我们能做的事情太多太多了。那时候世界城市的发展方向是什么？它具有什么样的职能？这是作为城市规划者必须要面对的问题。虽然经济大衰退仍然笼罩着美国，且对我们这个行业造成了不小的影响，但这恰恰给了我们反思总结过去、确立未来目标的机会。因此，对于我们很多人来说，目前有充足的时间来考虑该怎么做好设计，怎样让世界变得更美好。

不同于其他行业，与我们打交道的是大自然，此乃幸事。因为生活中时时处处都离不开大自然，设计就在身边，我们也不必担心它们被装在屋子里看不到。我们的工作涉及城市立面、街景、交通、天际线等多种景观——凡是与此相关的大小事物，无论抽象具体，都是我们要关注的。我们捍卫了大自然与这个行业的关系，也借此明白了城市设计真是一个包罗万象、令人兴奋的职业。

AECOM执行副总裁：芭芭拉·法加

2010年10月于亚特兰大

# 导　论

城市设计远远不止是一个具体的活动区域，尽管它经常出现在教育和专业文献里，城市设计仍然是一个模糊的术语。

——阿里·迈达尼普尔

城市设计这一术语是于20世纪50年代中期被提出(Lang，2005)，与此同时，它也是第一次出现在美国的学术课程中。尽管城市设计拥有较长的研究历史，并且该领域日益受到重视，但其定义依旧不够清晰。为了使专业学生、设计和规划实践者、开发商以及政府官员能更好地理解，我们参考了当下的一些解释，在这本书里给予了这个词一个明确的定义。

英国皇家城市规划学会前会长弗朗西斯·蒂巴尔兹搜集了关于城市设计的很多观点。但有些无疑是模糊而有问题的，比如“许多建筑的集合”、“建筑之间的空间”、“考虑周到的市政政策”、“窗外能看到的一切事物”、“商业、政府、规划和建筑设计的融合”。还有一些更为详细和貌似可信的定义，如城市设计是“建筑、城镇规划和相关专业的交接点”，“基于人本的场所三维设计及其日后的照看和管理”，“用以设计小尺度城市环境的形态和特征的创造性活动”和“公共领域的物质空间设计”（Tibbalds，1988；引自 Madanipour，1996：93）。

城市设计实践和理论领域的杰出领导者们已经提出了其他的解释，见解深刻的美国学者凯文・林奇形容城市设计是处理“可能出现的城市环境形态”（Lynch and Hack，1984）。在《良好城市形态》一书中，林奇对城市设计下了一个更为广泛的定义：“为住区或其有代表性部分的使用、管理和组织创造各种可能性的艺术。”（1984：290）美国的建筑师、规划师克拉伦斯・斯坦曾与刘易斯・芒福德等人于1923年共同创办了美国区域规划协会（Regional Planning Association of America），他将城市设计（芒福德称之为“city design”）描述为“为了服务于当代生活环境而将人工构筑彼此联系并将人工构筑和自然环境相联系的艺术”（引自 Strong，1900：141）。马修・卡尔莫纳和史蒂夫・蒂茨戴尔把城市设计定义为“**相比其他方式**，能为人类营造**更好**场所的一种方法”（强调部分为原文所加），他们还补充说，“城市设计是能改善城市环境的方法途径”（2007：1）。

英国建筑理论家杰里米・蒂尔指出：“时间而非空间，应被看作建筑构思的主要文脉。”（2009：95）在城市设计中，有关时间的考虑即使不是主要的，那至少也应与空间营造平等对待。

英国纽卡斯尔大学城市设计理论家和学者阿里・迈达尼普尔提出的一种更看重生态问题的综合性观点，可能更加契合本书的内容。他写道:“城市设计可以被定义为一种塑造和管理城市环境的多学科交叉的活动，其重点在于这种塑造的过程以及需要塑造的空间。城市设计师结合技术、社会以及表达的关注点，通过视觉和语言的交流方式，致力于城市形成所有尺度上的社会—空间连续性。城市设计是空间营造过程的一部分。”(1996：117)

在这本书里，我们主张把城市生态学作为城市设计的一项基本要素。城市生态学不仅仅是我们所理解的城市中的自然，它也包括人类与非人类在生态功能上的结合。了解城市生态学，有助于应对气候变化和能源利用的双重挑战。在美国，建筑物会生成大约40%的温室气体，并且消耗40%的能源(算上建筑施工可能会达到50%)；此外，交通系统运行会产生27%的温室气体和能源消耗。城市设计有助于形成交通量减少、低能耗的城市运行模式。自然要素能够用以缓解气候变化和能源消耗。比如，树木能储存碳，并为建筑提供树荫。城市生态研究也增加了我们对城市范围内的动物生活的了解，其栖息地的破碎化对很多物种造成了威胁。城市设计师可以通过在城市绿色空间之间提供连接通道而解决这个问题。一些城市生态学家还致力于解决敏感地带的弱势人群的一些问题。

城市设计和城市生态学存在很多相似之处。两者都涉及创建联系和揭示关系，都是探究不同学科间的综合性方法的研究领域。城市生态学需要一个综合的框架，用以评估备选城市发展模式的环境影响，并制定相关政策来管理城市区域，以应对一系列变化(Alberti，2008：xi)。城市设计是一门综合性学科，它在传统上结合了建筑学和城市规划学(Lang，1994)。生态学包含所有生物彼此之间以及它们与其生存环境之间的相互关系。玛丽娜·艾伯蒂认为:“城市是人类和其他生物进程共同作用下产生的混合现象。”这些现象不能仅靠单独研究其组成部分而被完全理解，“因此，城市生态学是一门研究人类和生态系统在城市化区域共同发展方式的科学”(Alberti，2008：14)。城市生态研究将城市系统动力学的多维度融入一个连贯的理论框架之中。通过这些框架，城市规划师和设计师可以找到分析、政策和设计的方法和工具。至少设计师一开始就可以制定预警的原则，即以不伤害环境和人类为前提。此外，设计师有助于减轻对自然环境的人为影响。更有意义的是，设计师帮助协调我们与建成环境中其他生物的关系。

将城市看作生态系统的理念早已存在，当美国国家科学基金会于1997年成立了两个城市的长期生态研究项目时，这一理念获得了巨大的发展。此前，长期生态研究项目关注于人口稀少的偏远地区——从远离缅因州海岸的群岛到阿拉斯加的内陆区。生态学家建议美国国家科学基金会分别在巴尔的摩(http：//www.beslter.org)和凤凰城(http：//caplter.asu.edu)建立城市的长期生态研究项目。这两个长期生态研究项目已在其他地区引发了城市生态研究热潮，尤其是在太平洋西北地区的普吉特湾(Alberti，2008)。

这个研究对于城市设计提供了非常有用的知识，例如，我们现在知道，黑色沥青会增加凤凰城的城市热岛效应(Bakeret et al.，2002)，因为黑色沥青不反射光线并且储存热量。另外，沥青覆盖的停车场和街道会加快雨水径流和水质变坏。凤凰城的生态研究项目有助于量化整个大都市区域的城市热岛效应。研究人员还揭示了城市夜间温度保持高于周围自然沙漠的原因。城市设计提供了许多潜在的解决方案，如采用浅色沥青、多孔性铺路材料，以及大面积的种植。

许多行政辖区要求项目实施之前必须进行环境影响分析。城市生态学有助于得出这样的分析。此外，它可以帮助设计人员了解他们项目的生态足迹（见第三章）。

伊恩·麦克哈格是沿着理论结合实际这条路线来探索城市与自然关系的学者之一。他写道："在人类发展史上，人类在强大的自然面前是微不足道的。"（McHarg，1963，引自Steiner，2006：2）据伊恩·麦克哈格的学生、美国风景园林和城市设计学者安妮·韦斯顿·斯本（Spirn，2011）介绍，人类居住区生态学（也就是她所说的"生态都市主义"）的理论和实践研究，在西方文化中有着长远的历史和深刻的传统。早在公元前4世纪，希波克拉底就已经描述了空气、水、场所对人类健康的影响。维特鲁威（公元前1世纪）在其《论建筑》一书的第五章里描述了根据太阳方位、风速、气候来确定城市最佳选址。莱昂·巴蒂斯塔·艾伯蒂在他出版于15世纪末的《建筑十书》中强调了城市漠视大自然的力量所遭受的灾难。

在过去的几个世纪里，横跨大西洋从欧洲至北美洲遍布对人类居住区和自然环境相互关系进行思考研究的学者。例如，《人与自然》的作者乔治·珀金斯·马什提出了人类的作用是"与自然一起重建被破坏的构筑物的合作者"（Marsh，1864：35）。随着马什一系列具有影响力的作品的问世，弗雷德里克·奥姆斯特德和查尔斯·埃利奥特等一些先锋风景园林师及区域规划理论家，如苏格兰生物学家帕特里克·格迪斯，以及美国人刘易斯·芒福德和本顿·麦凯等开始推行和倡导加强对自然了解的重要性，并提倡关注自然与人类、人工环境之间复杂的互动关系，这些人工环境包括建筑、景观、城市乃至区域（Luccarelli，1995；Palazzo，1997；Ndubisi，2002）。

伊恩·麦克哈格的经典之作《自然的设计》有助于我们理解自然

在诸如建筑、场所、空间等人工环境中发挥着怎样的作用。为了了解自然和设计的关系，伊恩·麦克哈格指出："对城市的了解很有必要，它作为一种形态，源于最初的地质和生物进化过程，也是自然进化过程和人类改造的综合结果；同时，感知城市历史发展也很重要，作为一系列文化适应，它体现在城市及其连续的建筑规划中。这个疑问被描述为一项关于固有形态（自然特质）和人工形态（创造出的城市）的调查。"（1969：175）按照伊恩·麦克哈格的理论，这种生态观念"为能成为'生物圈酶'（即它的管理者）的人，展示了加强人工环境创造性适应能力的途径，揭示了人类设计与自然相结合的方法"（197）。

在凯文·林奇所著的《良好城市形态》一书里将城市描述为自然的一部分，他旨在建立一种理论，以从科学严谨而非浪漫的态度对待自然。像伊恩·麦克哈格一样，林奇受到刘易斯·芒福德的巨大影响，他们都是日益增长的环境关注点的一部分，并与美国20世纪50年代以来蓬勃发展的设计和规划密切相关（参见Udall，1988；Sale，1993；Shabecoff，2003；Barnett，2011；Calthorpe，2011；Beatley，2011）。

1993年，新都市主义大会成立，并"重新定义城市'计划'，它不是强调设计和喜好的单纯艺术，而是一系列更加细致和复杂并影响城市结构的相关实践"（Dutton，2000：29）。在随后几年中，这个目标逐渐被许多著述和项目充实深化（参见Katz，1994；Hall and Porterfield，2001；Talen，2005；Grant，2006）。新都市主义大会创始人之一彼得·卡尔索普，是一位明确指出要把社区、郊区和城市片区的设计与生态学相结合的创新型学者。他在《下一个美国大城市》的"序言"中写道："这是一本关于社区生态学的书。它不是有关自然系统的生态学，而是论述多样性、相互依存、规模和分散化等生态原则是如何影响我们关于郊区、

城市和区域的理念的。”(1993：9)

2009年新都市主义大会(Congress for the New Urbanism)通过了《可持续性建筑和都市主义准则》，作为1996年新都市主义大会的指南。这些标准为城市规划和设计提供指导原则，强调的主题包括气候变化、农村与城市的关系，以及减少碳和温室气体排放的必要性。

一个综合考虑城市生态和设计的观念，要求城市的各个特定部分能形成一个复杂的城市系统。1979年，城市规划师肯尼斯·施耐德强调，需要规划师和城市规划专家来处理整个系统，而不仅仅是处理他们各自负责的部分：“尽管许多城市规划专家和环保人士认为，城市的核心问题是不清洁的空气和水、濒危物种或环境、更多的住房和城市更新开支，乃至能源短缺；当然，这些绝不是他们单方面的问题。这些问题的确都很重要，或许也很必要，但它们不是最基本的。人工环境(即城市)的结构才是最基本的。建设一个良好的城市——一个能让所有独立部分和谐运行的框架体系——对减缓各部分的发展问题很有必要。”(Schneider，2003：34)

从20世纪90年代开始至21世纪，人们对于诸如发展、环境质量和宜居性等城市挑战的兴趣逐渐增加。像生态城市(Register，2006)、可持续发展的城市(Jenks and Jones，2010)和绿色城市(Low et al.，2005)这些标语，用以结合“传统”的城市设计与对景观和生态系统的关注。乔纳森·巴内特提供了一个将不同方法结合的有力论述，他指出：“在绿色城市设计中，景观是主体，建筑的安排是根据地块等高线随意规划的；而在系统的城市设计中，建筑和开放空间成为该系统必不可少的组成部分，这意味着二者或许都包含在一个结构性的框架之中。”(2011：204—205)我们在探索生态规划传统与城市设计传统的结合。

城市设计如何变得更加生态？因为生态学解决了包括人类在内的所有生物之间，以及生物与人工和自然环境之间如何相互作用的问题，因此城市栖息地的设计可能就是我们最根本的生态活动。渐渐地，我们寻求创造满足可持续发展要求甚至能够再生的城市空间。彼得·卡尔索普（2011）在目前这个气候变化的时期做了一个特别引人注目的城市化案例。卡尔索普和蒂莫西·比特利（2011）阐释了如何让越来越紧凑和密集的城市空间更宜居且更有利于我们生存的星球。现代艺术博物馆的“上升的气流”（Rising Currents）展览展示了如何利用设计来缓解气候变化对纽约市海滨的影响（Nordenson，Seavitt and Yarinsky，2010）。为了使设计更加生态，城市设计的关注点，诸如分布集中性、步行可达性和连通性成为着重考虑的问题。在《绿色都市》中，戴维·欧文（2009）为纽约市做了一个有力的案例，并成为可持续发展的引领者。例如，他指出82%的曼哈顿居民采用公交、自行车或步行的方式上班。由于纽约人口密集，绿地空间已经被充分设计，用以满足避难、休闲和娱乐的需求，从如中央公园与展望公园的大型公园，到遍布城市的口袋公园，再到诸如曼哈顿下城的高线公园。

基于上述个人和理论的成果，我们总结了城市设计的以下七个特点：

- 它的兴趣在于创造和管理建成形态的过程。
- 它适用于城市环境的不同尺度和不同部分。
- 它结合了城市规划、建筑设计和绿色开放空间设计的要素。
- 它包含了分析、设计、陈述和沟通过程中不同的技能和技术知识。
- 它偏向于客观—理性的过程（“科学”）而非表现—主观的过程

(“艺术”),但也不否定后者。

- 它在项目定位中回应了区域和城市环境的生态。
- 它具有足够的灵活性,来随着时间的推移适应各种变化。

## 城市设计作为一门学科的发展

尽管城市设计有许多应用并有一些热点的研究领域,但就其本身而言通常不被认为是一门学科。相反,它更普遍的是被视为不同学科之间的一个交叉点。城市设计在欧洲大陆往往被认为既是建筑学又在城市规划学下面的专业,这二者相互竞争原本属于城市设计的任务和活动。城市设计的应用范围可以从考虑一个更广泛的物质空间背景的建筑项目,到城镇规划项目,这种规划项目中的土地使用法规往往影响着城市环境的形态、容量、距离和功能。在英国,城市设计已被中央政府和地方政府认可并纳入规划的职权范围(Carmona et al., 2003)。在包括美国和加拿大的其他国家,风景园林或景观都市主义等其他学科与建筑、规划和城市设计,在竞争塑造城市环境的任务中常常会发生冲突(Waldheim, 2006; Almy, 2007)。事实上,北美许多著名风景园林设计工作室也展现了它们作为城市设计师的才能,另一方面,许多城市设计实践者也具有风景园林的学术背景。城市设计的一个积极作用就是超越了学科的界限。

城市设计是全面并且跨学科的。这些学科包括建筑学、社区和区域规划、工程学、风景园林学、生态学、法学、房地产开发、经济学,以及其他能满足其城市中的分析、理解、解释和调解需要的专业。这些学科知识能用于创建有利于人类和环境的公共空间。

在英美国家,城市设计作为一个独立的技术性专业,其发展是比较近代的，虽然它已迅速在学院里发展，许多大学为城市设计提供学位课程，或将其作为建筑和城市规划的一个研究热点（Barnett，1982：12—13；Palazzo，2011）。它也被越来越多的专业协会和机构认可（包括城市设计组织，城市设计信息资源，即在英国较为熟知的RUDI，以及城市设计论坛、凡艾伦研究学会和美国城市设计研究学会）。

美国第一个城市设计学术项目是创始于1956年的宾夕法尼亚大学城市设计项目（Barnett，1982；Strong，1990），紧随其后的是1960年的哈佛大学的城市设计项目。此后，这个术语被传到了英国，尽管早在1909年，“城市设计”的第一门课程和第一个系在英国利物浦大学就已经出现了。利物浦大学课程旨在培养规划师（Cullingworth and Nadin，2006），并以市政府、“城市中心”职能（Cuthbert，2007：180）和城镇规划（The Builder，1908）等作为其相近含义，因此它不能称作当今的城市设计课程的鼻祖。

城市设计可以在城市管理和规划领域起到双重作用：评估性和创造性。乔纳森·巴内特特别注重城市设计可评估的作用在城市规划的物质空间产物中所产生的优势。他写道：“（规划和设计在哲学上）最重要的变化之一就是将城市设计的方法融入规划实践中。设计是一种制定复杂决策的方式，其中有一系列潜在的行为相互关联，而且对一个问题的抉择会影响其他问题的抉择。”（1995：179）巴内特表明，应用于公共政策的城市设计暗示了一种“对于高速公路及其周边居民相互作用的理解和规划，它意味着要理解区域法规不可避免地会影响建筑，并且这些设计的产物应该是能预测和计划的”（179—180）。

在城市的物质改造中，城市设计应被视为城市规划的一个强大的合作伙伴。一个著名的例子是帕特里克·阿伯克龙比在1944年向英国政府提交的大伦敦规划（随后于1945年出版）的选择评价。阿伯克龙比建议城市扩张设计是有可能通过住区的替代模式来完成的。大伦敦规划是一个超凡的案例，它证实了城市规划和城市设计之间有效且合理的关系，其中后者作为评估假设的一种手段，能引导转型并支持决策的过程。最近的一个例子是巴利芒总体规划（巴利芒重建公司，2004），在这个规划中，"都柏林卫星住区"重建计划符合城镇的自身特质，并为当地两万居民提供了一系列新机遇。通过城市规划和城市设计指导方针的合作，这一重建计划设想由专业人士和公众共同提出，其目标在于营建"场所"而不仅仅是"空间"。当城市规划与城市设计结合时，它应该能够通过视觉和想象力的表现显示出计划的预期成果。

在美国，一些激进主义的市长，尤其是芝加哥的理查德·戴利和纽约的迈克尔·布隆伯格，已经在通过城市设计对城市的物质（空间）进行改造了。例如，千禧公园（图0.1）和华丽人道（密歇根大道）的更新已经明显重振芝加哥，像高线公园（图0.2）和布鲁克林大桥公园的项目对纽约也产生了相似的影响。在加拿大，一系列设计竞赛作品将其框架背景设置为多伦多安大略湖滨地段的改造（图0.3）。

艾米莉·塔伦（2009）敦促规划师"改造城市设计"。我们建议通过结合城市设计，规划师可以改造规划。自从作为一门有自己方法的学科出现（19世纪下半叶在欧洲有伊尔德方索·塞尔达及其"城镇化基本理论"，以及北美的弗雷德里克·劳·奥姆斯特德），城市规划就造就了物质城市的可视化。一些杰出的例子也出现在欧洲的规划实践中，如法国里昂的托尼·贾米尔及其工业城（工业城市），西班牙阿图罗·索里亚·伊马塔及其马德里（线性城市），路德维希·卡尔·希尔伯塞默尔的理想城市，勒·柯布西耶的阿尔及尔计划；阿德里亚诺·奥利维蒂的瓦尔斯塔计划，英国花园城市和新城镇，以及在美国的如1907年由丹尼尔·H.伯纳姆和爱德华·P.本内特主持的芝加哥规划，约翰·诺伦的1922年马里蒙规划，弗兰克·劳埃德·赖特（2004）的广亩城规划，以及戴维·华莱士及其合作伙伴近期的贡献。

图0.1　芝加哥千禧公园（特里·冈摄）

20世纪60年代初，这种基于设计的城市规划实践被废弃，取而代之的是一个二维的、可调节的并“以政策为导向”的系统，而这一系统与公众越来越缺乏交流。这一趋势可能导致规划社区与城市的结构设计及其建设日渐疏远。同时，其他人，比如新都市主义者，已经尝试着控制规划。在这个过程中，许多规划实践者已经接受了新都市主义者的常规原则，然而其他一些人，特别是建筑学者，拒绝接受新都市主义，因为它包含着明显的怀旧风格。

由安妮·韦斯顿·斯本（1984）所著的《花岗岩公园》，通过与规划

图0.2　纽约市高线公园(弗雷德里克·斯坦纳摄)

图0.3　加拿大多伦多安大略湖湖滨地段改造建议方案

相关的元素将城市设计提高到一个新的高度:“如果一个城市想要变得更加宜居，它不仅要经过家庭和工作场所、花园和公园、街道和污水管道系统等建设性项目的设计，同时还要借助那些可能永远不会实现的愿景。城市设计是一个设想和描述未来形态、展示各种可供选择的可能的过程。如果没有想象去指导城市的发展，那么城市的塑造将由政治利益主导。”(Spirn，2000：297) 除此之外，她还强调城市生态学对城市设计和城市规划的潜在的贡献 (Spirn，1998)。

城市设计和建筑之间的合作更加灵动和难以定义。建筑和城市设计之间的界限经常是模糊不清的。哪里是建筑项目的完结和城市设计项目的开始呢？比如，一个社区的设计，究竟属于建筑还是城市设计的范畴呢？城市设计师只负责空间部分而建筑师只负责实体部分吗？这样一些问题并没有简单的答案。斯本 (2000：297) 将城市设计定义为“一个设想和描述未来形态、展示各种可供选择的可能的过程”。它明确地将城市设计和建筑设计区分开，并且为二者的合作创造了可能。建筑是能够提供设想并塑造可能的未来，但仅仅局限于较小的尺度。通过总体规划，城市设计描绘并展望未来或未来的其他可能，这些可能的未来是直接或间接的包含人类期望和价值观演变过程的结果。建筑将实体和空间的想象转化为真实的场所展现给人们。城市设计总体规划中的建筑表现，源于复杂的基址分析、城市规划条例、客户和公众的期许，而不是抑制建筑的创新，提升对建筑的期望。

同时，城市设计能够为建筑师创造新建筑的机会。在传统上，建筑学仅关注于建筑物层面，通过扩大其范畴，城市设计能够在城市规划和建筑学之间建立一种联系并与二者展开合作。这种互惠关系可以扩展到规划和风景园林中。城市规划可以委托城市设计来承担，城市设计的实现能够促进城市规划的实施。风景园林有助于详细阐明规划中文化和自然之间的关系，它也能作为城市设计的一部分或一个结果来承担风景园林项目。

## 本书的目的

在本书中，我们的目的不在于定义城市设计的范畴，而是呈现一个跨学科的方法途径。我们的目标不是为了解释怎样设计一个独特的城市区域或公共空间，而是描述如何将这些空间转化为吸引人并可持续的城市空间的方法步骤。我们提出一种城市设计方法，称为“不止一个解决方案的方法”。

**不止一个解决方案的方法**

在许多情况下，规划和城市设计的方法是不明确的，但它们能像潜在的趋势或一种无形的力量一样从头至尾驱使着设计或规划任务。技艺精湛和有经验的实践者从A到Z都运用他们的感性设计方法，但是在许多情况下，他们并不能描述自己的思考过程，也无法分辨是通过B和C到达了D，还是通过J和P到达了D。

在这本书里，我们提出**“不止一个解决方案的方法”**，重申城市设计，与其他设计和规划活动一样，不仅允许且更要求对于一个给定的问题需要考虑不同的答案和不同的解决方案。设计方法不应该被安排起来去制造一个唯一的结果，一个方法运用一种结构和途径策略，来帮助设计师向目标进发，但不必过早地达到目标。

“不止一个解决方案的方法”将会在接下来的章节中有更多详细的描述。它们体现了规划和设计的不同领域之间思维的连续性。“不止一个解决方案的方法”是系统化的、精确线性的，并且是非常乐观的。

为了保证描述的便利性和必要的简明化，它假设在涉及的参与者之间是相对不冲突的，有较高的诚信，方法实施中的主体是有能力胜任的，并且有适当的灵活性以应对相应的情况。

虽然这一方法被描述成线性的和系统化的，但是任何人参与到任何尺度土地转化的过程中，也很难完全跟上节奏，即使他能清楚地陈述设计师和客户提前准备的精确特定的程序。

“不止一个解决方案的方法”应该被当作管理城市设计项目的指南。设计师所面对的挑战将是调整方法来适应特定的情况和任务。当然，城市设计方法不是解决问题的神奇魔杖，但是它能指导人们在这一首个城市世纪中优化设计结果。

我们这种方法的缩写Noos，也是一个古希腊单词（νόος），它的含义是理性、精神、理解、智慧，同时，在其“意图”的含义中也包含设计和规划的意思（Rocci，1968）；此外还有解决、目标（达成某事的想法）的含义（Liddell and Scott，1940）。在城市设计中，理性有助于促进设计师应对项目的复杂性。理性提示我们采取措施来取得完美的解决方案，并实现社区所有部门的利益，这种完美的解决方案可以是柏拉图式的理想化意义，或者如亚里士多德所倡导的那样，既理想化又具有现实性。

“不止一个解决方案的方法”包含十个步骤，它们被重新编排在一张表格里（见图0.4），并成为后续章节的基础。这个图包含两部分。从顶部到底部逐渐变暗的灰色中心条柱强调了不同的步骤，其中也包含了它们的首字母，作为文本部分的引导来标注不同步骤。在图的左边，有五条同样是渐变色的细条柱，用一系列行动对各步骤进行解释——分析—前期计划—计划—执行—参与——同时集中甚至叠加这九个阶段中的一些步骤。这五个条柱中，最左侧贯穿整个过程的那一条涉及人口或客户，或者二者都有所涉及。

步骤一：方法程序

在接受委托之前，设计师可能需要对如何处理这一项目提出建议。这一步需要制订该项目的行动计划：行动步骤和活动需要什么，以及它们将会产生什么结果。该方法的产物一般称为“可交付成果”。在某些情况下，每一步产生一个可交付成果。由于没有一个最终的解决方案，因而也没有一个统一的方法。因此，设计师通常提出一个适合当时状况的方法，然后调整和校正每一步的具体做法。

步骤二：先决条件

传统上，启动一个项目或计划需要三个要素：客户、设计师和任务。客户给设计师提供任务。这个任务通常写在合同中或被简单地指明，它指导设计师在特定的时间和特定的预算内完成相关内容。除了任务，设计师需要知道客户内心的需求以及需要考虑的环境条件。环境条件包括基址及其周边环境的各项要素，以及它们当前的和动态的特征，这些都会指导或限制一个项目的开发。这些要求和假设总结起来，即为“先决条件”。

客户的要求有时可能非常精确和严格，有时又有可能是宽松、灵活的。在某些情况下，客户提供一些条件，以及需要考虑的策略、设想和价值取向。项目要求可以由客户总结，也可能由某个计划、项目或政策声明来确定。本章旨在明确城市设计项目的先决条件是由谁定义，它在哪里能找到，以及如何将其提炼出来，同时，也提供了一套指导方针，来解决如何提出详细设计的编制要点的问题。

步骤三：认知

通常情况下，客户会提供一些研究区域的背景资料。在竞赛和研讨会上，这些信息会包含于一个简介中。在直接的任务中，客户通常只

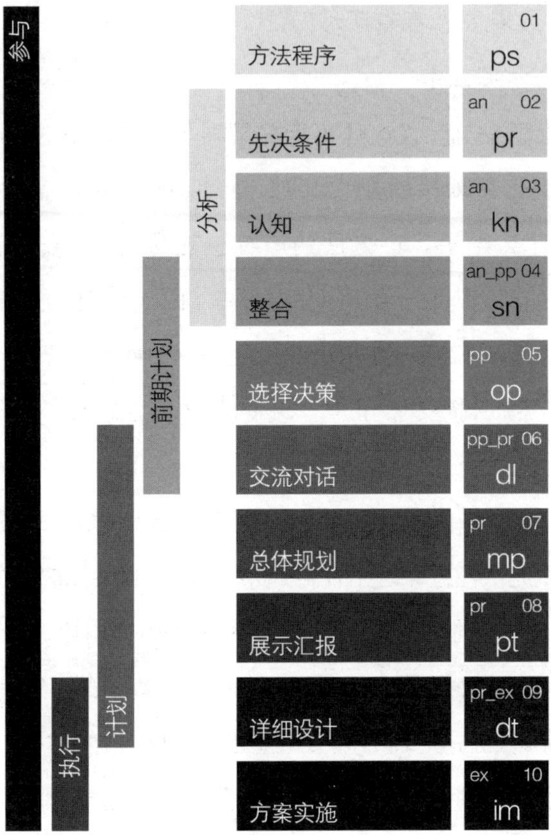


图0.4 “不止一个解决方案的方法”及其十个步骤(达尼洛·帕拉佐和安吉拉·克鲁齐绘制)

提供部分信息。这些信息通常需要验证、改进和整合，从而形成一个对研究区域更全面的解读或“**认知**”，进而指导随后的设计步骤。每个社区，对于任何一处基址都存在“**认知**上相互矛盾的观点”。明确这一事实，并在开始阶段就考虑到这些观点，有利于提高在下一步中产生转型整合的可能性。换言之，冲突是好事，至少在设计过程的开始阶段如此。通常情况下，信息的数量、质量和多样化需通过原始调查和分析来加强和提升。设计师可能需要进行独立的调查和分析，或与那些受到这个城市设计项目影响的人们深入交流，以便搜集数据和意见。对基址的亲身熟悉是设计师的重要经验。这一步的基础部分是实地考察。本章的目的是提出一些方法来完成、整合和处理信息，从而使城市设计师获得对研究区域的综合了解。

虽然生态思想在整个“不止一个解决方案的方法”中都具有价值，但在这一步骤和下一步骤中，它显得格外有价值。生态涉及包括人在内的所有生物间的关系以及生物与其生存环境的关系。因此，生态的方法可以指导收集何种类型的信息和如何理解这些信息。基址初步的生态分析对于城市设计方法是必不可少的。关注建成空间设计与其所处环境间关系的研究领域，被称为生态规划设计。

**环境**（environment）是指我们周边的事物，而**生态学**（ecology）则包括生物与生物间、生物与其生物环境和物理环境间的相互关系的研究。当我们将规划或设计加到这些术语中时，这一综合的术语涉及为我们的环境、生物和物理进程之间的相互关系，以及这些关系的可视化表现发展未来的选项。刘易斯·芒福德的朋友本顿·麦凯（1940：351）甚至声称：“区域规划属于生态学，它是人类生态学，它关注的是人类与其生存环境间的关系。”生态规划可以定义为对生物物理和社会文化信息的利用，从而为景观利用的决策提供机遇和制约（Steiner，2008）。或者，正如由伊恩·麦克哈格所解释的那样（1997：321），它是一种方法途径，“能促使一个区域通过规律和时间的经营，被理解为一个完整的生物物理和社会的进程……调查会显示最合适的位置和流程”。安妮·韦斯顿·斯本（1998）将这种区域进程定义为场地的“深层结构”和“深远背景”。

根据福斯特·恩杜比斯（Ndubisi，2002），生态规划是

> 一种指导或管理景观变化，从而促使人类活动与自然进程协调发展的方法。生态规划不仅仅是一种工具或技术。它是一种基于对人类和土地相互关系的认知、协调人类活动和自然进程的方法。（2，5）

步骤四：整合

在搜集好信息并完成调查后，我们需要对知识进行总结，原因有两点。首先，设计人员必须严谨，这些信息和分析必须尽可能准确，从而能指导和形成最终的项目成果。其次，信息的整合有利于宣传及与相关公众和客户沟通。本章将描述五种整合的技术：优势、劣势、机会和威胁（SWOT）分析，机遇和制约筹划，试样地带（样带），分解轴测图和适宜性分析。这五项技术的优点是相对简单有效的。本章的其他部分都致力于认识场地的空间维度、完成设计任务和检测适合用途的技术。

步骤五：选择决策

该方法的要点是以项目目标的说明和设计师的决策为特点。一旦客户限定、明确和总结出设计目标，信息搜集、调查整理和数据总结等工作完成，设计师便需要确定采取的方向，以及遵循的目标和战略。此时，设计师选择偏好项和优先项。设计师提出不同的备选方案并从中选择更优化的行动路线。本章的目的是介绍如何进行设计目标设定的不同方法：按优先次序设置一系列目标，明确一个规划概念或设想，从设计的可能性中进行处理和筛选。

步骤六：交流对话

设计师的理念、解决方案、方法途径与客户和其他利益群体间的讨论和对抗，是任何城市设计过程中的核心问题。在城市设计过程中，交流有利于提升和改进设计师与客户、设计师与直接或间接相关的公众之间的关系。根据发展进程中的阶段、涉及的人员以及参与目的的不同，参与会有不同的形式。本章将介绍参与性在城市设计过程中的作用，并探讨其有效性；同时，也会描述运用于设计和规划过程中的优选技术方法。

步骤七：总体规划

城市设计项目的最终形态和结构会呈现在总体规划中。总体规划描述了给定基址的建议的改变。通过文字和图形，这种物质规划展现和反映了研究区域的整体发展概念。本章的目的是为了描述一个典型的总体规划，并介绍总体规划能考虑和完善的潜在问题。

步骤八：展示汇报

城市设计总体规划完成后，需要向客户以及更广泛的公众展示规划成果。一个好的项目可以被一个糟糕的展示毁坏。根据不同的具体情况，展示的方式也有所不同。从利用幻灯片放映的口头展示，到项目展示海报，总体规划报告表达的方式非常多样化。本章将讨论利用图片、透视图、物理模型和手工绘制的草图来展示城市设计的成果。

步骤九：详细设计

在总体规划完成并已获得客户和/或相关公众的认可之后，一些设计要素也常常必须进行详细设计。主要包括流动性、绿色和开放空间、公共空间、建筑和街道设施，除此之外还包括经济评估、集资和合作关系等主题。一些详细设计存在于设计指南中或其他详细研究中，来指导总体规划的实施方法。通过多种案例，本章介绍设计指南和研究该如何准备，以便在总体规划实施之前对其进行评估。

步骤十：方案实施

总体规划能被转化为精确的规范传达给建筑师、风景园林师、规划师和工程师，正如在规划中规定了土地使用和建筑形式一样，这种规范能明确距离、高度、制约因素和空间规则。当总体规划制定完成、汇报展示和详细设计后，多数情况下，它必须通过行政机关或规划部门采纳和批准。在此之后，城市设计项目完成了实施的准备，实施被看作过程中对目标和政策的实现。本章介绍了一些用于项目实施和执行的工具和技术。

## 作者注释

我们在本书中为方便起见使用了一些惯常用法。例如，我们称设计项目的作者为**设计师**。**设计**这个术语可被定义为一个设计师小组(负责或参与设计过程的多学科背景小组)或几个在不同空间和时间里分别工作的设计师。设计师可能是建筑师、风景园林师、规划师或跨学科背景人士。我们使用**客户**一词来指委托城市设计项目的个人或组织。客户可以是政府机构(城市、公共事业单位、公共机构)、私人主体(开发商、地产公司、投资团、土地所有者)、公共与私人联合组织(例如，美国住房与城市发展部开展的社区发展授权项目，或意大利的城市改造公司)或一个社区、一个特殊协会，再或者一个有组织的公民团体。客户也可以是以上所有这些团体的联合。**任务**是指客户交给设计师的委托或工作。**研究区域**或**场地**则是指城市设计的场地，其尺度可以从整个城市到更大的区域，或其中一个较小的部分。

我们承认北美和欧洲在城市设计，尤其是在教育方面存在差异(Palazzo，2011)。一般来说，英美大学的城市设计教育相比其他地区更先进一些（表0.1）。事实上，很多城市设计的实践都由美国本土的大型多学科跨国公司承担，如：AECOM（原EDAW），WRT，SWA，Sasaki和SOM；以及加拿大的公司，如IBI；当然，在中国也出现了越来越多以学院为基础的公司。

城市设计师需要为与过去不同的当代城市问题做好准备（United Nations，2004；Rodiek，2005）。城市设计教育可以作为专业人士进行准备的方式，他们不是把城市设计看作“公共空间美化运动”，而是“重塑城市空间……对城市整体改造……从而适应新的城市状况”（Madanipour，2006：174，191），并将城市形态作为社会空间参与其创造和改造。城市设计师还必须为创造更加可持续甚至可再生的城市作准备（Gore，2009）。

城市设计师需要具备诸多能力，包括：表达与科学知识相符的创造性意图，认可和关注基址的生态与文化特性，抛弃通用的解决办法和在其他案例中有效的概念，以及平衡技术知识和创造性表达。从柏拉图和亚里士多德到海格德尔，有一个经典论点，即需要区分**技艺**与**制作**的概念，“**技艺**是指世界的知识启示方面，**制作**则指创造性、象征性表示方面”（Corner，2002：20）。**技艺**与**制作**在城市设计的实践与教学中需要得到重新思考，这是为了面对城市问题，了解场地、社会需求以及社区的角色，并与决策者相协调。这需要通过加强教学过程和方法来实现（Roberts and Greed，2001；Moughtin et al.，2003；Lang，2005；Steiner and Butler，2007；Palazzo，2011）。另一种方法是确定工作室（或设计工作室）角色，最终成果能以逻辑的方式与其美学方面相结合。当城市设计师在实践中将其技能和知识应用于有着不同文化背景的不同场地时，技术与创造性之间理想的平衡也非常重要。其目的在于加强城市设计师的角色——诚实的代理人、设计进程推动者，以及作为实现公共领域的社会创造力的促进剂。为了实现这一目标，我们通过本书提供一个具体的设计程序。

城市设计的程序将在后面的章节描述为线性和连贯的；这意味着，每个阶段建基于上一阶段或影响下一个阶段。这种按阶段陈述的方式符合叙述性和条理化的要求，但不一定与设计过程中实际的情况相吻合。在实践中，许多文章中描述到的阶段都会被合并，“一般来说，(设计过程中的阶段) 不会按照一个固定的和逻辑的顺序出现，设计不是一个由明确任务引导出唯一可能的解决方案的线性过程”(Leupen et al.，1997：13)。类似的比如音乐，尤其是爵士乐，音乐家以配乐开始，随后有所调整，因为表演需要加入大量即兴创作的成分。

表0.1　2009年英文授课的城市设计的研究生项目

| 国　家 | 机　　构 | 课　程　名　称 |
|---|---|---|
| 澳大利亚 | 科廷科技大学<br>澳大利亚西澳大学<br>阿德莱德大学<br>墨尔本大学<br>悉尼新南威尔士大学<br>悉尼大学 | 城市设计学硕士[£]<br>城市设计学硕士[£]<br>城市设计学硕士[£]<br>城市设计学硕士/硕士证书[*£]<br>城市发展与设计学硕士 (MUDD)[*£]<br>城市设计学硕士[*£]<br>城市设计学硕士证书[£] |
| 加拿大 | 多伦多大学 | 城市设计研究学硕士[*$] |
| 德国与中国 | 柏林科技大学与上海同济大学 | 城市设计学双硕士 (柏林与上海)[*] |
| 印　度 | 艾哈迈达巴德环境规划与技术中心<br>德里规划和建筑学院 | 城市设计学硕士[*]<br>城市设计学硕士[*] |

（续表）

| 国 家 | 机 构 | 课 程 名 称 |
|---|---|---|
| 爱尔兰 | 贝尔法斯特女王大学 | 城市与乡村设计学理学硕士[@] |
| | 都柏林大学 | 城市设计学理学硕士[*] |
| 新西兰 | 奥克兰大学 | 城市设计学硕士（MUrbDes）[*] |
| 新加坡 | 新加坡国立大学 | 文学硕士（城市设计方向）[*]<br>建筑学硕士（城市设计方向）[*] |
| 南 非 | 开普敦大学 | 城市设计与城市规划学硕士[o]<br>建筑学硕士（城市设计方向）[o] |
| 瑞 典 | 隆德大学 | 可持续城市设计学硕士[+] |
| | 斯德哥尔摩皇家理工学院 | 城市规划与设计学硕士[*+] |
| 美 国 | 亚利桑那州立大学 | 城市与环境设计学硕士[$] |
| | 纽约城市大学 | 城市设计学硕士[§] |
| | 克里夫兰州立大学 | 城市规划、设计与发展学硕士[§$] |
| | 哈佛大学 | 建筑学硕士（城市设计方向）：MAUD[*§]<br>风景园林学硕士（城市设计方向）：MLAUD[*§] |
| | 肯特州立大学 | 城市设计学硕士/硕士证书 |
| | 纽约理工学院 | 建筑学硕士（城市与区域设计方向）[§] |
| | 普瑞特学院 | 建筑与城市设计学理学硕士（后专业）[§] |
| | 萨凡纳艺术设计学院 | 城市设计学硕士[*] |
| | 加州大学伯克利分校 | 城市设计学硕士学位[§] |
| | 密歇根大学 | 城市设计学硕士[*] |
| | 宾夕法尼亚大学 | 城市设计学证书[§] |
| | 得克萨斯大学奥斯丁分校 | 理学硕士（城市设计方向）[*]和城市设计学证书 |
| | 华盛顿大学 | 城市设计学证书[*§] |
| | 圣路易斯华盛顿大学 | 城市设计学硕士[§] |
| 英 国 | 安格利亚鲁斯金大学 | 哲学硕士/博士（城市设计方向） |
| | 伦敦大学巴特利特规划学院 | 城市设计学硕士[#]<br>建筑与城市设计学发展硕士[#] |
| | 伯明翰城市大学 | 城市设计学文学硕士/研究生文凭/研究生学历证明 |
| | 卡迪夫大学 | 城市设计学文学硕士[@#] |
| | 爱丁堡艺术学院 | 建筑与城市设计学研究生文凭/理学硕士[#] |

（续表）

| 国　家 | 机　　构 | 课　程　名　称 |
|---|---|---|
| 英　国 | | 风景园林与城市设计学研究生文凭/理学硕士# |
| | 赫瑞瓦特大学 | 城市设计学理学硕士/研究生文凭# |
| | 林肯大学 | 城市设计学理学硕士/研究生文凭/研究生学历证明# |
| | 利物浦约翰摩尔斯大学 | 建筑与城市设计学文学硕士 |
| | 伦敦南岸大学 | 城市设计学文学硕士@ |
| | 纽卡斯尔大学 | 城市设计学文学硕士/研究生文凭# |
| | 牛津布鲁克斯大学 | 城市设计学文学硕士/研究生文凭/研究生学历证明@# |
| | 伯明翰大学 | 城市设计学文学硕士@ |
| | 邓迪大学 | 可持续城市设计的空间规划学理学硕士@ |
| | 格林威治大学 | 城市设计学文学硕士# |
| | 利物浦大学 | 城市设计学文学硕士@# |
| | 诺丁汉大学 | 建筑与城市设计学文学硕士/研究生文凭# |
| | 谢菲尔德大学 | 城市设计学文学硕士# |
| | 格拉斯哥斯特拉思克莱德大学 | 城市设计学理学硕士@ |
| | 西英格兰大学 | 城市设计学文学硕士/研究生文凭# |
| | 威斯敏斯特大学 | 城市设计学文学硕士/研究生文凭/研究生学历证明@# |

来源：城市设计信息资源（RUDI）2009a*；RUDI 2009b#；http：//www.studyinsweden.se+；http：//www.gradschools.com§；规划院校联盟2007$；http：//www.studyinaustralia.gov.au£；http：//www.urbandesigninstitute.co.za°；英国皇家城市规划学会2008@；城市设计项目也可以提供证书，通过结合不同但相关项目中的课程来获得，如宾夕法尼亚大学、哈佛大学、华盛顿大学所提供的，或在博士阶段颁发的证书。

注：PGDip：postgraduate diploma，研究生文凭；PGCert：postgraduate certificate，研究生学历证明；MA：master of arts，文学硕士；MSc：master of science，理学硕士

# 第一章
# 方法程序

城市设计通过适用于项目具体条件的系统方法程序，将知识和实践相联系。城市设计师通过以往的经验，产生对项目的新认识，指导整个方法程序直至它实现。

我们在城市设计中应用一个模型来帮助设计师成为更有效率的项目管理者。在这种情况下，设计师为了客户的利益，对一个项目从概念到实施进行规划、控制和协调，[和]代表客户，关注客户的客观条件如效用、功能、质量和花费，并且关心[可得到的]资源关系的建立（Blyth and Worthington，2011：xii）。

遵守一种方法程序不是保证一个成功项目所必需的。然而，一个有组织的方法程序可以有助于合作和明晰所有参与团体的预期。它能帮助我们充分利用可得到的资源，包括时间和金钱。

在设计和规划的文献中，关于城市设计中具体的方法程序，有一些方法程序和模型的例子很有用。迈克尔·布劳恩（2003：8）调查了建筑的设计过程，或者换一种方法说，建筑师和设计师怎样“实现从过去、现在到对未来预测的进步”。布劳恩假设建筑师可以吸收与卡尔·波普尔解释科学的理论怎样形成的相同方式来对进程进行排序。波普尔的解释主要出现在《科学发现的逻辑》一书中，它首次以德文在1935年出版，随后以英文在1959年出版。布劳恩把波普尔的“序列”描述为一种方法程序，这种方法程序“以问题的认知作为开始，然后提出一种假说，一种为了排除错误需要去检验的假设理论，并以证实的理论结束，然而，这一理论是一个新序列的开始，它变成了最初的问题”（Brawne，2003：38）。然后布劳恩总结出：“尽管明确的框架不是一个科学的追求目标……但我相信问题、假设的解决方法、错误的排除、问题的序列是对设计方法程序最准确的描述。”

在规划领域，一个很出名和充满争议的名言是“**规划前调查**”，它由苏格兰的生物学家和设计师帕特里克·格迪斯创造，随之由英格兰的设计师帕特里克·阿伯克龙比进行了更深入的详尽说明（Hall，1995）。这个简要的名言为联系方法程序中的认知和实践建立了框架。关于规划和设计的理论性思考，尤其是在第二次世界大战之后，已有许多适用于规划和设计的方法程序例子产生了。一些例子，随后依次出现在了著作里。

1980年，英国建筑师皇家学院（RIBA）在《建筑实践和管理手册》（*Handbook of Architectural Practice and Management*）中提议，把城市设计领域的方法程序模型分为四个阶段（RIBA，1980，引自Moughtin et al.，2004：6）：

1. **吸收消化**——对整体信息和与问题相关信息的积累；

2. **全面调查**——对问题性质的调查；对一个可能解决方案的调查；

3. **发展**——一个或多个解决方案的发展；

4. **交流**——针对客户选择的解决方案进行交流。

哈米德·雪瓦尼将设计方法分为六类：内化的、概要的、增加的、碎片的、多元的和根本的。“内化的”方法程序是直观（感性）的：“设计师利用直观（感性）的方法，在记忆、培训和经验的帮助下，首先在他或她的脑中生成关于项目的一个设计。”（1985：106）

“概要的”方法程序，也被普遍描述为“合理的”或者“全面的”，通常由七步组成（Shirvani，1985：111）：

1. 数据搜集，调查现状环境（自然、建成物和社会经济）；

2. 数据分析，识别所有的机会和限制；

3. 制定目标和目的；

4. 生成可供选择的多种概念；

5. 阐述每个概念的可行解决方案；

6. 可选择解决方案的评价；

7. 解读解决方案，纳入政策、计划、方针和方案中。

雪瓦尼把“增加的”方法程序描述为“概要的”方法程序的另一个版本，这个方法程序是“设计师建立一个目标然后生成额外的步骤去完成它”（116）。“碎片的”方法程序除了不完全性，它和“概要的”方法程序相似。设计师可以“浏览为‘概要的’方法程序所建议的七个方法程序中的四个”（116）。“多元的”方法程序是一种途径，这种途径包括居民评价系统和在设计中涉及的城市区域的功能/社会结构。雪瓦尼的最终途径——“根本的”方法程序，是作为一个基础概念，“为了理解和设计一个复杂的城市环境，社会方法程序是必须最先了解的”(118)。

由十一个步骤组成的生态规划方法程序被弗雷德里克·斯坦纳在《生活的风景》(*The Living Landscape*，2008)一书中提出(见图1.1)。这十一个步骤如下：

步骤一：问题或机会的鉴别

步骤二：目标的建立

步骤三：区域层面的清单和分析

步骤四：地方层面的清单和分析

步骤五：详细的调查研究

步骤六：规划概念

步骤七：风景规划

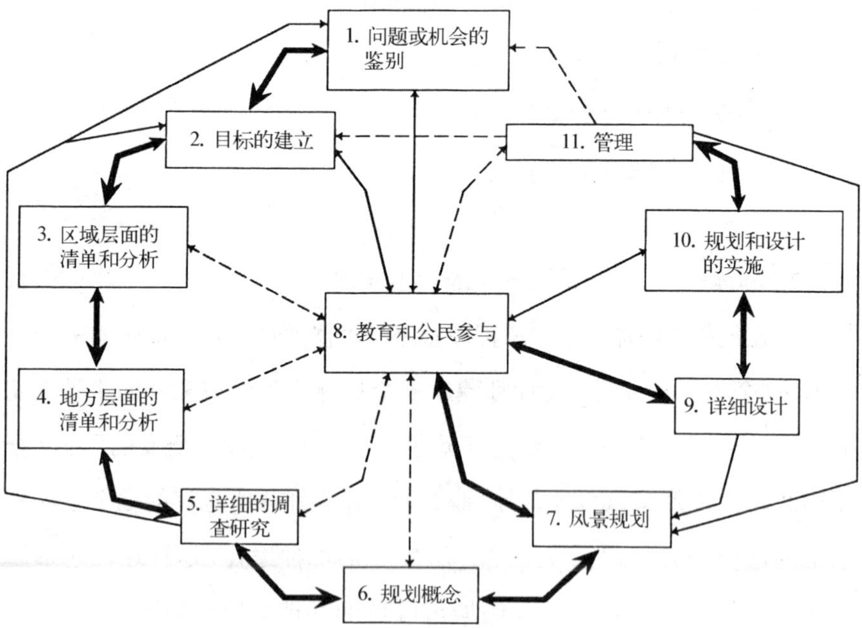


图1.1　生态规划模型(引自Steiner，2008：11)

步骤八：教育和公民参与

步骤九：详细设计

步骤十：规划和设计的实施

步骤十一：管理

这个生态规划模型综合了其他的领域和景观设计的方法程序。它主要参考的是关于设计和规划的生态方法程序，20世纪60年代由伊恩·麦克哈格（1966，1969，1981）制定（见图1.2）。其主要的观点是：通过生态的知识，把环境信息与设计和规划决策链接起来，麦克哈格称之为“千层饼模式”。

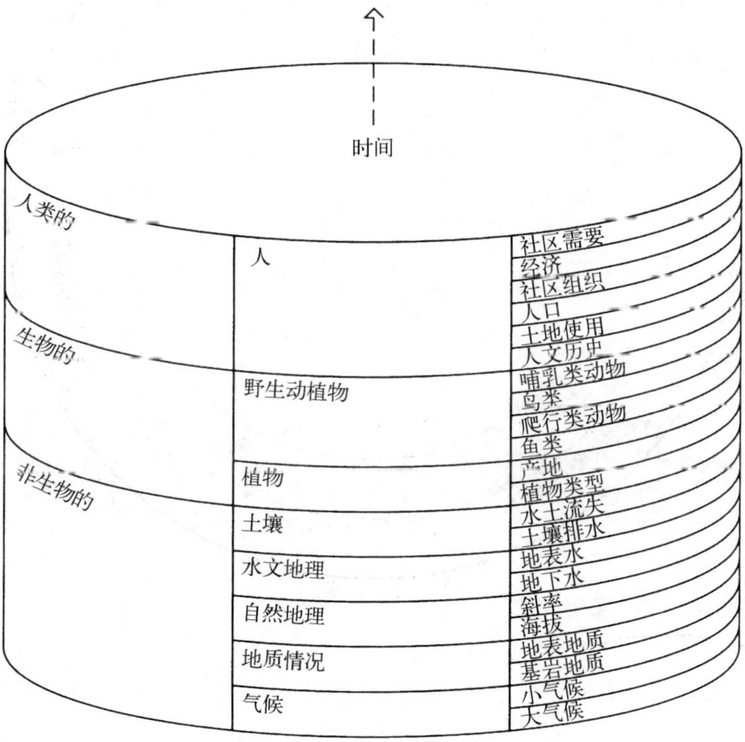


图1.2　千层饼模式（引自Steiner，2008：15）

在城市规划领域，拉兹·安德森代表美国规划协会（1995），明确了城市规划方法程序由九个紧密联系的阶段组成。规划方法程序的制定被看作一个连续的循环，这个循环承认规划的重复性和互动的本质（见图1.3；Steiner and Butler，2007：3）：

1. 确认课题与选项

2. 建立目标、意图和重点

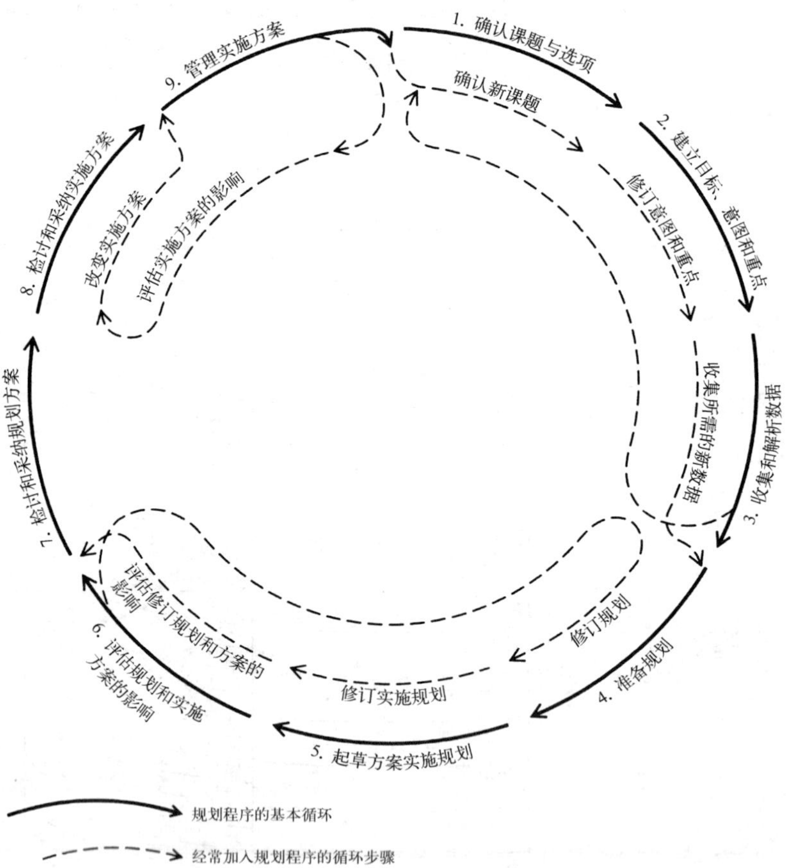


图1.3　制定规划的持续循环图（Anderson，1995，引自Steiner and Butler，2007：3）

3. 搜集和解析数据

4. 准备规划

5. 起草方案实施规划

6. 评估规划和实施方案的影响

7. 检讨和采纳规划方案

8. 检讨和采纳实施方案

9. 管理实施方案

根据方法程序，规划包含管理城市土地用途、农业区域和森林，并根据方法程序来研究和实施规划。规划和管理自然资源可以利用**管理工作**的原则完成，这项**管理工作**被定义为“爱护地球的呼唤”，希望人类并且每个人都有这样的责任来“引导他人向[关于保护]地球美丽和后代生产力的目标奋进，这也是我们的共同目标（可持续发展总统委员会，1996：8）。根据塞克斯顿教授等人（1999）的观点，具体可按照下面七条方法程序实施：

1. 确认问题、决策者、相关权力机构、利益相关者以及决策流程

2. 明确问题，完善目标

3. 为实现目标，制订几种可供选择的方案

4. 根据目标比较每种方案

5. 选择一种优化的方案

6. 实施选中的方案

7. 监测和评估（Reynolds et al.，1990：690—692）

托尼·劳埃德·琼斯（2001）论述了城市设计的方法程序，区分了“艺术灵感”和格迪斯式分析。第一种途径（几乎不能被定义为一种方法程序）是被“很多自认为天赋异禀的设计师”（51）这种观点驱动的。

因此，根据劳埃德·琼斯的说法："重点在于通过壮观和很正规的街道布局以及景观美化的介入来美化这座城市。"在这个宏大设计的说法中很清楚地把"景观"归类到了"装饰"("景观美化")中，而不是将景观设计作为一个自然和文化进程的综合体，并具有生态关联的更深层次的含义。与"艺术灵感"相对的格迪斯式分析认为，将设计活动视作一个解决问题的活动，

> 关注用空间组织问题去解决功能需求。[这种]方式因为工程性的起源也打上了"实用主义"的标签。它建议我们的设计以一种建立在足够细节和科学规矩上的处理方式开始，这样空间解决方式就会从这种分析和计划中浮现出来。同时指出，设计是一个线性的过程，如果被足够严格地执行，最终就会走向唯一且最佳的解决方案。

劳埃德·琼斯还提出，其实还有第三种选择去克服灵感型和确定性的处理方式。这种方式采取循环性的分析—综合—评估的方法程序：一种与各因素一致的愿景，有与客户和使用者需求相关的因素，有与场地和调研区域背景相关的因素，也有政策编制的约束条件和地方规划条例的相关因素，这涉及了解那些将被解决和定义的问题，抽象化和优先处理基本问题。劳埃德·琼斯的第三个选择把自己带到一个强调循环进程和相互作用的生态学演绎。

以下是城市设计程序的四个步骤：

1. **定义问题**——从研究区域的评估和项目简介开始研究。

2. **生成一个基本原理**——将下列总结性分析纳入考虑，包括规划/

社会经济背景、建筑形式/城镇风景、土地利用/活动、活动性和可达性、物质和自然环境、公共领域和社会空间，以及感知与文化因素。

3. **总结发展机遇和制约因素**——为了基址的计划使用情况平衡其潜能。

4. **评估设计选择并使其概念化**——根据研究领域的短板和优点，为其预想可能性。

城市设计被认为是“一种持续的实验—检验—改变的程序，包含想象（设想解决方法）、展现、评估，然后重新成像（再次考虑或深化可选择的解决办法）”（Carmona et al., 2003：55）。以周期性和反复性为特征的方法程序，其中的解决策略可以经由一系列创造性的跃进和概念上的变化而得以精炼。

## 程序策略

在整个程序开始的时候，它帮助提供一个关于未来步骤的轮廓，这个轮廓是在整个计划发展中都需要考虑的。可用的时间、项目的特征，以及满足这个摘要要求的必需的材料，是定义程序范围的重要标准。在环境影响评估中，范围用来限定提议的活动，认证重大的问题，消除次要的问题，确定计划要求，指示决策时间表，确定合作的中介。这些活动通常也与许多城市设计规划项目有关（尤其是当环境影响评估是法律所要求时）。

本书中描述的城市设计程序可以作为基本参考，但是每个项目的程序拥有自身独特的属性（见“导论”中的图0.4）。界定一个时间、责任、满足计划和间歇性的截止日期是有用的。然而，随着项目的进展，在理想化的计划进程中，参与因素往往有不确定性，导致大致的轮廓需要被修正。

任何城市设计进程都需要有一个策略，正如凯文·林奇和加里·哈克解释的那样（1984：369）：

> 规划暗示着认同。在没有那些有权力去做出改变的人的同意，或者那些可以阻止它们的人至少被动的认同下，规划只能停留在纸面上。为了取得对有影响力的智力模型的超越性影响，总平面规划必须遵循策略：必须组织分析、编制、设计并实施，这样闪光点才会被筛选出来。一个策略包含了多重选择：怎样界定问题，特殊的设计方式，合理性和直觉的运用，对不确定的应对，学习技术，参与度，形式与管理之间的连接，专业人士的运用，客户与其他决策者之间的关系。通常情况下，相当多的这些决定的作出都是习惯性的，但……这些选择必须被明确地作出。

**摩尔多瓦基希讷乌工作室的项目策略**

组织一个设计项目需要把可得的时间、能力、各种先决条件、任务特点列入考虑。当时间特别短的时候，在工作室其实是常见情况，程序组织就有了更重大的意义。2007年，在意大利的莱科，一个城市设计工作室为了摩尔多瓦首都基希讷乌的一个战略区域而建立。东欧国家摩尔多瓦，西邻罗马尼亚，东接乌克兰（见图1.4）。

基希讷乌是摩尔多瓦的政治、工业、商业中心，拥有6.5万居民，是摩尔多瓦最大的城市。在苏联控制时期（1944—1991），城市的重工业都分布在贝克河沿岸。现在，工业区大部分都被废弃了，一些建筑被破

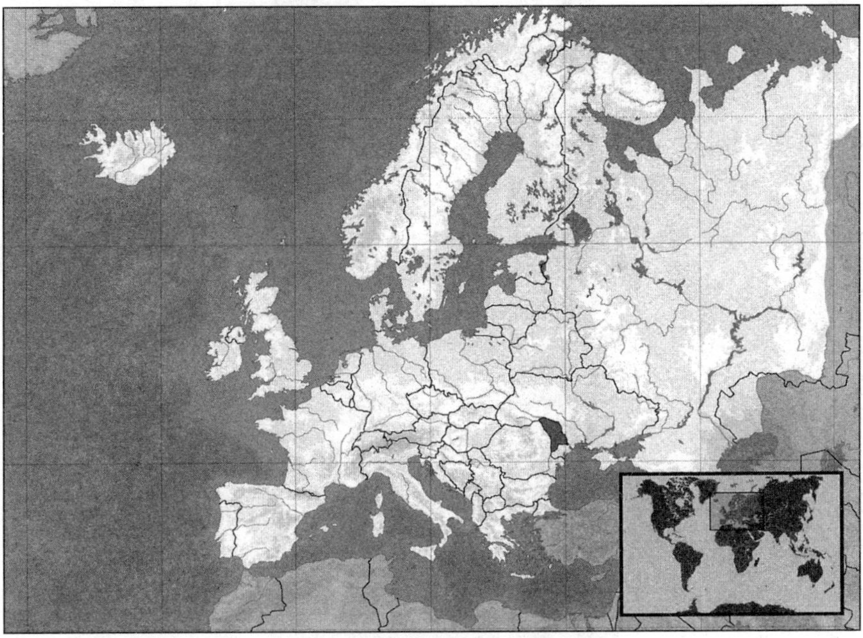

图1.4　欧洲大陆的摩尔多瓦(达尼洛·帕拉佐绘制)

坏，并由零售中心替代，剩下的也只是部分使用。贝克河及相邻的土地都被严重污染了。

基希讷乌政府当局和米兰理工大学提出一项设计，以去界定一些关于沿河区域的相关想法，并组织了一个“两周工作室”来为基希讷乌市提供建议。这个工作室由来自伦敦SOM公司的从业者、巴塞罗那自治大学和米兰理工大学的学者，以及来自欧洲和亚洲国家的各种学生组成。除此之外，四个来自基希讷乌的设计规划专业人士每天通过电脑与21人的小组交流。为了定义整个区域的功能(7400英亩或3000公顷)，这个小组决定致力于以下几个不同的课题。

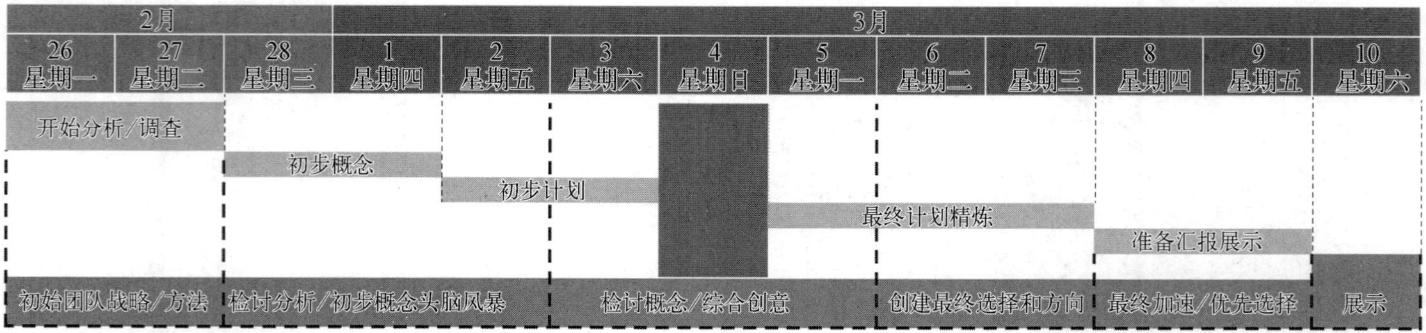


图1.5　基希讷乌工作室日程表(达尼洛·帕拉佐绘制)

- **运输**：在全国性、区域性和城市层级
- **流动性**：人口和商品
- **环境和景观**：包括河流与土地污染，以及根据水力学原理重新设计沿湖区域满足再生功能的需求
- **农业**：一个民族最重要的资源之一和基希讷乌周边最主要的用地形式
- **能源**：了解怎样利用生物质能植物，以减少对天气使用的需求
- **财政**：找到实施工作室建议的经济来源
- **管理和实施**：整个项目

为了执行这些任务，这个25人团队被分成几个不同的小队专注于特定的课题。一个日程表被建议来组织这个项目，以及给这个团队带来速度和节奏（见图1.5）。程序在最开始的时候已被“两周工作室”确定，基于时间的空闲、小组的强项、客户的需求，以及从最初的研究和分析（在本书中相应地被描述为“认知”和“综合”的方法程序），从初步的概念（“选择”）到最后的规划（“总体规划”），之后才是最终的展示。“先决条件”被包含在预先准备的一本概要的书里，以及米兰组和基希讷乌当地参与者的“对话”里，被分配给工作室的参与者。

## 小 结

通常，设计师提供项目规划的早期版本，也许只是大致的梗概。这个想法已经开始设想其最终的结果，但是避免被桎梏为一个固定的途径。这种“开放式结局”理念渗透到整个规划，而且也的确是重要的，即使很难管理。这个项目是方法程序的目标，即它的终点。因此，自然

地期待着设计师有直接且个性的想法。在整个项目的始终，他们自己的行动指向那个最终的成果。

在设计进程中，和在规划中一样，即兴创作时有发生，因此在数据调查完成之前，信息会被人工综合，而作为认知的阶段。

# 第二章
# 先决条件

在这一章，我们会介绍多种不同类型的帮助构建城市设计程序的“先决条件”。如在“导论”中所阐释的，我们对词语“**先决条件**”从设想和现场的要求进行描述。先决条件提供了一个城市设计项目的起点。它们也许是被客户建立，也可以是由基址的自然和文化条件来定义，因此被包含在由客户和法律、当地的政策和区域性导则所提供的最初信息当中。基址具体的环境特征为设计建立一个框架。如，在热带建冰屋和在北极建草屋的城市设计是无任何意义的。在欧洲的城市中，环境特质辨识度会低一些，而在美国、亚洲和澳大利亚可以依靠如空调和加热系统等技术来掩饰。不过，每块场地具体的环境状况需要被确认，以至于城市设计师可以将降低能源费用和温室气体排放量等因素纳入到一个项目中，同时也营造出一个健康和生产性的人居地。

公众可能会帮助定义一项城市设计的范围。专家研讨会和工作室帮助城市设计师理解公众的价值和灵感。先决条件帮助设计师理解设计的范围和项目的边界。

城市的环境在不断地变化，经常是通过设计，有时是意外事故。一个城市项目的开启可以源于多种原因和以多种方式。为了简单起见，四步类型的项目组织形式会在这里被考虑。

- **委托性设计：**土地的所有者（公众的或是私人的）会委托设计。
- **设计的竞标：公众或是私人的单位**。有时与非营利组织和商业合作，一个公众或私人的团体决定启动一个项目竞标，既可以是开放的，亦可以是通过邀请来征集方案，来改变在其管辖范围内的区域。
- **非正式的意见：**一个市民团体或一个社区委员会，有或没有选举官员或公众机构的支持或不支持。面对他们所居住的地方而向政府机构提出非正式的意见来启动议题，以谋求发展和促进这块区域整体状况改善的决定。
- **关于项目实施的规划评估：**一个城市的规划师根据规则、政策和规划建议来进行评估，纳入官方的城市规划中，预期和评估规划的形态和空间结果。

在这里建议四种可能的开始点，并可以扩展至包括城市设计开始或被要求的更多条件。在程序的一开始，设计师会考虑客户的需求——是一个私家拥有者、一个公众单位、一个组织竞争的权力机构、一个非营利（或是非政府）组织，或是市民团体——以及场地的特质和环境状况。此外，也许还有法律性的先决条件要求设计师遵守。例如，一个区域性导则会对基址的密度和使用性质有所限制。

**环境特征**

环境和基址的特征会引导或限制一个项目的发展。在有些案例中，环境特征会被包含在客户给设计师的文件中。例如，基址环境特征的详细描述通常被包括在竞标之中。因为竞标所寻求的广泛的国际性团队，不能够亲临基址，而只能为他们提供基址的环境信息。环境特征可以是生态的、历史的、形态学的、气候的、视觉的和政治的。他们也包括道路的状况、公众空间，以及现状、效率和缺乏或是几乎没有基础设施（如，大众的交通）。生态学和景观品质可以指导一些居住区的选择，通过建议取向、本土化和建造形态。对于生态学的理解可以限制一些坏的因素，如找到场地内对人或是财产有本质上危险的活动和使用方式。一个生态性的理解帮助设计师看见基址的现在和以前的关联并且构建联系。

环境特征会以文件的形式出现在管辖区域的官方报告中。在其他的案例中，设计师的第一项任务就是去搜集、获得数据和信息，以便尽可能完全地来定义一个状况的框架。我们会讨论这种“**认知**”，它是如何通过调查和分析获得的，以及它如何在书中被**综合总结**的。这些品质在城市设计项目中被当成先决条件并且可以作为基址的范围被探索。

组成先决条件的客户需求可以被详细地表达，或者仅仅是部分的。明确的要求是指那些被包含和组织在文件里的（对于一个竞赛或是工作室的简介，或关于城市方案的一个法律性条规）。作为委托的一部分，客户也许会准确和清楚地表达期待。在有些案例中，客户的意图不会被完全揭露，当客户不想将市场信息揭示给竞争者时。在这些情况下，设计者和客户一起工作，以明确被运用到目标里的一系列价值和在设计程序中需要解决的问题。

**听取客户需求的技巧**

城市设计师可以从由公众、专业人士、选中的官员、学者和研究者组成的小组中寻求关于项目的建议、信息和调整。以下是设计师和规划师常用的来明确参与和阐明需求的一些技巧：

- **任务小组**：临时专设的机构赞助的公民委员会，或是人们的小团体，由“代表不同的兴趣、观点和领域的专家”（Creighton，2005：103）组成，有着十分明确的任务，经常与单个的问题相关。其明确的任务是建立目标和为城市设计项目建议行动。

- **公民咨询委员会**：被委任来代表当地群体的观点和态度。他们的目标是为一个决策机构提供建议，例如一个规划委员会、一个机构的员工、一个研发者，或是一个城市设计师。

- **技术咨询委员会**：一个代表技术性和科学性信息机构的团体，这些信息对于建立一个委员会、一个机构、一个研发者和一个设计师很重要。通常这些组织是跨多学科的。一个技术咨询委员会可能会是一个跨部门委员会，也许是由一个大学或咨询公司成员组成的团体。

- **社区规划委员会**：由市民建立的机构，或是专注于多样社区项目和倡导的局外社区组织者。

- **小组动态**：这是一个通用术语，即运用多种问题解决技巧，以界定和明确目标，鼓励团队互动，解决市民团体内部的冲突。小组动态的一个例子是，“持续几天的高强度努力，在有限的时间内解决一个问题或是想出一个设计”（Creighton，2005：105）。它被用来寻找达成关于设计问题一致的意见。

- **名义小组工作室**：小组动态的另一种形式，它的组建是基于这样的前提，即某种合理的代表性组织，其中的人员是与项目有关的，或是几乎可以识别所有与项目、课题相关联的问题，他们为了达成必要的优先顺序和偏好，可以作出个人的妥协（Institute for Participatory Management and Planning，1978：5—6；Gil and Lucchesi，1979；Creighton，2005；Steiner，2008）。

在一个设计程序的最初阶段，设计师应该提出和考虑一系列的问题。其中的一些可以与客户和公众在程序的第一步进行分享，或者他们可以成为参与性活动的起点，以下是有关的问题：

- **过去的经历：**什么样的问题在以前类似的项目也出现过？采取了什么样的解决措施？这些措施被应用了吗？可以去参观它们，或在书中和杂志中有无描述过？在相似的项目中，能够同时满足规划师、客户和参加的人吗？哪些消极和积极的方面影响了相似的项目？哪里出现了问题？为什么？
- **用户团体：**谁会成为普通使用者？谁会是偶尔使用的用户？他们的顾虑是什么？哪组人会被咨询以及如何被咨询？在未来的人口统计中，用户群的需求会如何变化（如：人口的老龄化、移民、中产阶级化）？
- **使用的方式：**基址什么时候会被使用：白天、夜间、一周七天、一天二十四小时？在白天和夜间、工作日和休息日有无区别？设计应该强调傍晚或夜晚的使用吗？在潜在的使用者中，有潜在的冲突吗？什么时候？为什么？这些冲突可以被解决吗？

**概要**

在设计程序的一开始，它有助于设计师收到一份概要来更好地理解在哪里、如何达成、和谁一起达成设计的解决措施。对于竞标和工作室，概要很常见。在竞标中，概要是启动程序课题、参赛的小组和评价最终意见评委间的链接和认可。在一个工作室，概要起到相似的作用，但是只有两个参与者：委任项目的单位和参加的队伍。

一个概要也可以为直接的任务准备好，来更好地定义客户的愿景，来激励设计的团队，来帮助管理设计程序。根据阿拉斯泰尔·布莱思和约翰·沃辛顿（2001：3）："概要是关于了解组织需求和资源的一个渐进的过程，与它的目标和使命相匹配。它是关于问题的提出与解决，也是对于变化的管理。有效的概要是以无事先预想的解决措施开始的。概要是一个审查选择和对接要求的过程。"一个通常的城市设计的概要努力去定义场地的特殊需求，将基址纳入一个区域的背景中，并且阐明客户和其他参与者的利益。城市设计概要的目标，根据布莱思和沃辛顿（2001：179），是为了完成以下的任务：

- 识别利益相关者和他们的预期范围。
- 分析场地的现状、限制条件和场地的机遇。
- 测试可能的使用方式和设计策略来满足不同的预期。
- 关注于一个可实现的角度，通过呈现本地的和国外的最佳实践的先例。
- 建立方向、目标和行动计划。

在表2.1中列出了准备一个概要常用的数据：

表2.1　准备一个概要的数据准备

| **地图和意象** | **公众的使用** |
|---|---|
| 基础地图 | 水供应 |
| 航空照片 | 废水处理 |

（续表）

| | |
|---|---|
| 土地的利用现状 | 雨水管理 |
| 历史意象 | 固体废弃物管理 |
| 历史地图 | 电信服务 |
| 照片和其他代表性区域 | 加热系统 |
| | |
| **自然环境** | **社区服务** |
| 气候 | 行政中心 |
| 地形 | 教育设施 |
| 土壤 | 公园和娱乐设施 |
| 水系特征 | 健康服务 |
| 植被栖息地领域 | 公共安全设施 |
| 自然危害 | 宗教中心 |
| 自然资源 | |
| | **人口和当地的经济** |
| **住房** | 人口规模 |
| 条件 | 人口特征 |
| 空闲率 | 劳动力特征 |
| 支付能力 | 企业和商业（部门、劳动力和雇员） |
| 市场的价格 | 居住的成本 |
| 公共和私人的比例 | |
| | **规划和特殊的课题** |
| **交通** | 区域的历史 |
| 街道网络 | 城市研究、民族志、当地的历史 |
| 街道承载量 | 城市规划和分区 |
| 交通流量 | 政策和法规（国家、区域和当地） |
| 停车的供与求 | 历史遗迹和建筑（受限制和可利用法则的类型） |
| 运输设施的模式 | 考古旧址 |
| 自行车和行人系统 | |

来源：引自 Anderson，Klein and Meck，2007：5

**关于雷克雅未克的瓦腾斯梅里机场区域竞标简报**

雷克雅未克，冰岛的首都，在2006年就发布了一个竞标的概要。组织者征集关于瓦腾斯梅里机场区域的意见，一个巨大的场地（370英亩，或150公顷），在雷克雅未克的南部。（见图2.1）。竞标的目标是："将由瓦腾斯梅里提供的机遇最大化，在21世纪增强和强化城市，提供有质量的和强烈的社区感，创造一个具有现代力的城市组织结构，有着研究、技术、基于知识的企业所要求的灵活性，并混合重要住房、服务和新式的住宅，雷克雅未克会增强其国际的角色和竞争优势。"（Reykjavíkurborg，2007：2）"征集意见"文件被考虑成为概要。它被包含在材料内而分发给与会者来告知他们关于项目的要求。"征集意见"包含下列内容：

- 对程序和项目支持的阐释
- 带有地图的项目介绍和关于冰岛、雷克雅未克、场地和邻近地区的书面介绍以及规划的规定
- 目标和评价标准
- 关于接受报名和评估建议程序，带有参与管理规则
- 有关信息：

  历史和考古遗迹

  自然和生态学

  气候和光照

  交通运输和交通规划

  雷克雅未克的经济和规划

  与公众和其他受影响的团体进行咨询

图 2.1　瓦腾斯梅里场地的航空地图（引自 Reykjavíkurborg，2007：Ⅱ）

为瓦腾斯梅里竞标组织的材料还包括区域和城市规模的大地图，项目已经提出在设计过程中对邻近地区的考虑，并注明场地与其周边地区的照片。还包括一个被称为“咨询日”的文件，这个文件包含了为期两天的参与过程的总结，通过城市雷克雅未克来推进项目和使人们对场地的转化有所准备。该文件包括来自参与者的关于形式、密度及未来发展的建议，他们设想的城市环境；单个建筑和城市街区对应的木块实验结果（见图2.2）。根据可视化土地的使用、城市模式的形状、休闲空间和与现有自然特征的连接，与会者来安排这些木块。另一个文件，称为“利益相关者的会议”，包含来自为竞标而准备的利益团体缔约方会议的分秒记录。关于基址的利益相关者的愿景，是在宣布竞标的几个月之前由市政府组织收集的。

图2.2　使用参与者在“咨询日”活动中（引自雷克雅未克市，2007：23）

## 小　结

一个城市设计项目，通常是由客户请求专业设计师开始的。客户的要求不是引导设计唯一的方面。其他因素会从环境中出现，设计会从条例中和改变场地及周边地区中产生。受影响的社区通常影响即将实施的项目，可以帮助定义一个城市设计的目的和目标。所有这些方面的组合——预期、假设和限制——在这里被考虑为“**先决条件**”。

# 第三章
# 认　知

尽管客户已经给设计师提供了对于场地的特殊要求和信息，但是城市设计团队仍然需要付出额外的努力来对场地的文脉、各部分以及内容进行更深层次的挖掘。这就是我们定义为“**认知**”过程的一部分。这一步是整个过程的关键。设计师可以通过实地调研场地和周围的环境来了解他们需要改造的场地。凯文·林奇说：“每个场地，无论是自然的还是人工的，都在一定程度上是独特的，是一个事物与行为相联结的网络。这个网络加强了限定并提供了可能性。”（Lynch and Hack，1984：5）

在大多数案例中，客户提供的信息和数据需要扩充。设计师需要在研讨过程中或竞标时复审这些简略的信息和汇总的数据。另外，数据也可能来源于对研究领域具有管辖权的公共机构。信息和数据也可以通过书籍、期刊、报告和网络中的研究来得以强化。只要有可能，设计师就应该踏查基址，但是由于时间、路程和资金的限制，去勘察场地，进行最初的调查和对已有信息详细地研究，在一些情况下变得不可能。

由于竞标，基址踏查变得很困难，它可能会阻碍一项直接且原始的调查。通常情况下，竞标是在那些团队总部远离基址的地方。研讨时把信息联系起来并详细阐述也不容易。时间限制性条件都是很常见的。但是在这些情况下，可以使用所提供的文件准备分析，并寻找除了在概要中所提供的之外的信息。这一章节描述了不同的技术，以用于完善信息和组合数据来形成对场地和周边环境的认知。应以生态学方式来看待场地，即一个人工和非人工彼此之间及与其环境相互作用的有机系统，也包括超出项目边界之外的部分。

实际上，对场地完全了解是不可能的。时间、资金和能力都不能持续地获得，并且对场地所有的一切和与其相关联的网络都了如指掌也是不可能的。城市设计师最终会寻找一个合理的认知，以让他们很好地理解场地信息来开始一项设计。林奇写道："了解场地需要时间和付出。"（Lynch and Hack，1984：5）这种了解还需要一些细节来描述能够在城市设计过程中应用的可能性分析。因此，这一章是冗长的。

## 调查和分析

调查、分析技术和程序很大程度上取决于一个城市设计项目的性质和规模。这里列出来的技术关注于不同规模的城市场地。目标是定义一个关于分析和调查的可能框架。这一部分并不是完全综合的或是可以广泛运用的，规划师基于具体的条件采用相应的工具，正如一个木匠根据特殊的项目来调整与其适应的工具。

一些调查和分析技术在城市设计活动中已经有所发展，许多关于了解一个场地的典型工作方法的例子也可以获得。城市设计公司（UDA）出版的《城市设计手册》（*The Urban Design Handbook*）也涉及了许多技术，比如城市设计公司X射线图。这些图像是一种地理分析技术，以展现不同尺度下场地的现状，并在之后的阶段中展示将来预期的状况。相似的，伊恩·麦克哈格（1969）在描述他的生态地图叠图系统时，也运用了X射线技术，安妮·斯本（1998）运用生态地图叠图观察并揭示了场地的深层结构和文脉。

在其他的手册中还可以找到另外的例子。施瓦尔巴赫的《城市分析》（2009）提供了对社交空间、土地利用、开放空间和交通结构的历史性分析的深刻见解。同时，比尔克林和彼德雷克的《城市建筑街区》（2008）描述了一项调查技术，也是关于不同建筑街区的角色与功能。斯坦纳和布特勒的学生版《规划与城市设计标准》（2000）讲到了社会与人口学分析。莫廷等人的《城市设计：方法与技术》（2004）强调了筛映射（sieve mapping）和地理信息系统（GIS）技术在搜集和联结有关物理、功能、社会经济学和行为信息方面的作用。米达、帕金和沃尔顿的《城市设计制图学》（2006）提供了很好的如何使环境、空间、数据和概念分析可视化的例子。《城市设计工具箱》一个由新西兰环境部门制定的技术大纲，在目前的第三版中，它提供了研究与分析工具的综合分析，比如空间秩序分析（Hillier and Hanson，1984）和凯文·林奇在《城市意象》（1960）中提出的可识别性分析。

为了使技术与手中的任务和场地具体特征相适应，城市设计师需要首先考虑这些变量在时间、信息和委托设计的类型是可行的。在开始搜集数据和进行分析时需要考虑以下原则：

- 基址调研可能得出与原始设计草图和概念相反的结果；
- 没有适用于所有情况的固定的分析框架；
- 城市设计师应当顺应这些分歧，而不是为了满足预想的设计而伪造分析结果；
- 分析的执行不应绝对服从强制的条条框框，而应该指导设计进程。

当设计师只是发挥创造力而忽视分析，或分析的结论与最后的结果存在可识别的差距的时候，项目就会变形，或者说是失败的。

## 基址踏查

对场地直接的认知对任何设计师来说都是一个重要的经历。再者，优于其他行为而对场地进行直接的了解，可以帮助设计师定义调查的类型，分析项目的必要性。即使不同视角的图片、详细的报告、精密的测量、分析和复杂的阐述提供了详细的信息，对基址的踏查也确实是设计过程中决定性的步骤。设计师应该有带着相机、铅笔和速写本在基址中到处走的机会。在实地调研中，设计师应当尊重场地的信号，它的环境可以展现场地的组成部分，比如声音、颜色、气味、形状、构建和表达方式。这就叫作“**场所感**”。这种内在见解能使设计师将规划导向不可预见的方向。

城市设计师、风景园林师和建筑师的经验说明了基址踏查的重要性和其在设计中扮演的决定性角色。现场调研还提供了最初概念闪现和新想法成形的瞬间。探索场所感已经对城市分析师形成了挑战。克里斯蒂安·诺伯格—舒尔茨（Christian Norberg-Schulz，1980：5，6，8）在他的书中也探讨了这个问题：

场地是拥有特质的空间。从古时，“场所精神”就被认为是需要去面对的具象的现实，并且与他们的日常生活紧密关联。建筑意味着将场所精神可视化，设计师的任务就是创造可居住的有意义的空间。场所不仅是抽象的位置概念，我们指的是由有着材料、形状、质感和颜色的具体事物组成的一个整体。这些东西合起来就决定了作为场所关键的“环境特质”。通常情况下，一个场所就会被赋予一个特质或“氛围”，这个场所因此就成了一个定性的、“整体”的现象，我们不能削弱任何一个特点，不能丢失视野之外的具象的本质，比如空间关系。

特定类型的基址踏查是一场“步行的旅行”和“有导向的行走”，在这一过程中设计团队和会受到项目影响的社区中有兴趣的人一起踏查场地。有时，在项目或优先撰写概要开始前，设计师可以把有兴趣的当事人带到场地并听取他们的想法。对评论、意见及建议的有序记录可以成为设计师很好的帮手。

**一次对海的拜访：伦佐 · 皮亚诺**

伦佐 · 皮亚诺在采访中告诉了富尔维奥 · 伊莱斯一个关于体验基址的有意思的片段打开了2007年“城市能见度”米兰三年展的序幕。皮亚诺介绍了关于日本关西国际机场的规划，这个机场是建设在人工岛上的：

当我们与彼得 · 莱斯开始关西这个项目时，我们对黄海水域还是不太熟悉，我们要求去看一看基址，他们却回答说那没有基址，因为那个岛还没有造……将近大半天我们在停泊的船上想象着要建的建筑，而当时那里能看到的只有一片水。在沉默中我们将我们一贯的启动仪式运用到项目中。实施你的想象总是很美好的：到一个那里什么都没有的场地里去想象，那里将会有什么……这就像是一场物理实验：你去了一个场地，记住了那里的环境，然后你闭上眼，想象着这个项目，然后当你重新睁开眼睛时，你可以将建筑放在适当的位置。这种近乎电影的技巧比电脑还要快速，并且这种技巧是十分重要的，因为当你已经领悟了这块地方，你即使在家里也依然能再次看到它；去这块地方是必不可少的。(Irace，2007：14)

基址踏查能够帮助设计者理解那块地方对于那些住在那里的人的意义。当谈到这个活动时，皮亚诺也说：

倾听是非常有用的，因为这是一种艺术的偷窃、拿取、获得，是一种带着崇高目标的赤裸裸的抢劫。我们经常与客户或者居民聊天，然后带着我的笔记本和速写回家：这些都是偷来的财富。四处转转，手插口袋，鼻子闻着空气，这是倾听的一种艺术，因为场所也会诉说，但通常情况下建筑师不会聆听。场所诉说着，人们讲述着……倾听尖锐的、安静的和虚弱的声音是必要的；为了获取事物的本质是需要在倾听方面下苦功的，而这种是在学校学不到的，而要经过生活的历练才能获得。(Irace，2007：14)

伟大的建筑演绎的经验传达了一个原则，即在大多数城市设计的场合下，需要将所调查城市的本质与倾听人心相结合（见第六章）。

## 照片和速写

照片和手绘速写能够让设计师记录下基址的关键特色。设计师能够尽量抓住场所的整体精神和具体的细节（见图3.1和图3.2）。积极和消极的属性，以及具有历史性的建筑、场所和自然的特征都会被记录下来。在接下来的过程中，设计师们通常情况下运用基址照片，尤其是在总体规划中及与客户和公众交流时。

图3.1　伦敦泰晤士河畔的国会（卡尔・斯坦尼茨绘制）

图3.2　威尼斯圣马可广场（卡尔・斯坦尼茨绘制）

在场地分析中，可以用不同方式记笔记。首先，设计师要建立一个大脑库存，一个自我对场地的地理认知。城市不仅是实体和虚体的组成，更是人的存在与消失相连的声音、气味、光线、感觉，以及可能发生也可能缺失的活动。当踏查基址时，设计师预想了或多或少清晰和准确的系列图像。设计师想象空旷空间里的人、规模、体积，构想废弃建筑物或骨架和废弃构筑物的功能。设计师看到树和开放空间，那里有破旧的柏油路和废墟。设计师还将自己的知识、个人专业经验和已有的项目与照片图像相联系。

这种心理地理（mental geography）在设计过程中会多次发生。有时设计师会注意到他们的预测和场地的实际地图是重合的，有时对于场地一些印象和感觉是无法用相机和速写记录的。场地的图像是存活于设计师的记忆和想象中的。

在场地调研中，使用一些比较容易记忆的工具是有帮助的，比如图像。数码相机在捕捉影像方面的能力超过人类。使用胶片摄像机捕捉到的镜头，要比可以使用无障碍视觉记录的数码相机少。使用胶片相机每隔24或36个镜头就要换一次胶片，或要提前决定是用彩色片、黑白片还是投影片，还要在打印之前确定照片的格式和拷贝数量，这些方面都不如数码相机来得方便。另外，数码相机也可以记录照片的日期和时间，对设计也是有帮助的。

基址踏查需要在阅读场地地图的基础上好好组织。设计师应该提前想好都要问当地居民哪些问题。在设计团队中合理分配任务（避免不同团队成员在同一领域重复工作），对于大且复杂的场地分担责任，在不同的有利位置进行踏查（附近的楼顶、地面、远处），并拍下现存的建筑和空荡的空间都是很有必要的。

拍照从来不是一种客观行为。对于镜头、光线和照片被捕捉的瞬间的选择都会影响最后的结果。记录这些选择通常是很有用的。

在地图上速写、绘画和记笔记是了解场地的另一种方法。在草图中，了解场地与场地间、实体与虚体间的关系是很重要的。正如卡尔·斯坦尼茨所说的："我画图的主要目的是记录场地的事件。"(2009：79) 他把场地绘图当作一种视觉的日记。为了了解一个场地，手绘一个剖面或规划是有用的（见图3.3和图3.4）。

在《城镇景观》(1961) 一书中，戈登·卡伦阐述了娴熟的手绘不是唯一解读一座城市氛围以转变它的途径。地图是基址踏查的最好伙

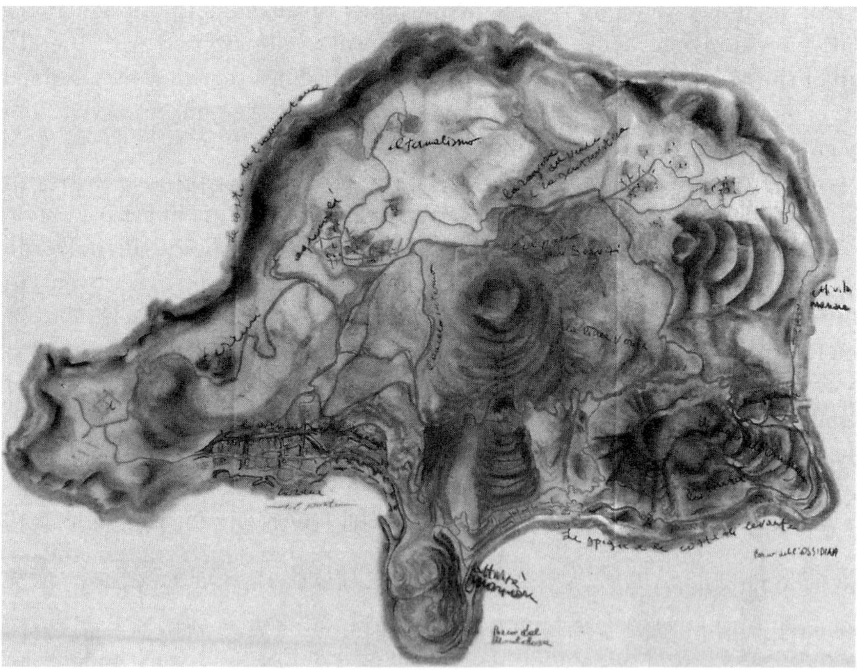

图3.3　意大利墨西拿迪利帕里岛：自然与人造环境（引自Leone，2004：C XII）

件。在地图上，能够标注再也不会存在的建筑、新建筑和其他变化。设计师还能记录观察到的和需要进一步探讨的观点和问题。

图示注解可以加在图中，使用彩色钢笔或铅笔，或将图像传到电脑里后使用绘图软件。设计师应该在地图上记录基址踏查的日期。在踏查前，可以列举想要调研的内容并加注释。设计师也可以绘制路线图。考古学家和生态学家使用网格系统在基址详细目录中取样。设计师能运用这一技术来确保能完全勘察整个基址。

一个广泛应用于组织场地的工具就是航空或卫星图。这些图除了可以用于基址踏查中还可以用在设计过程中的不同阶段。航空和卫

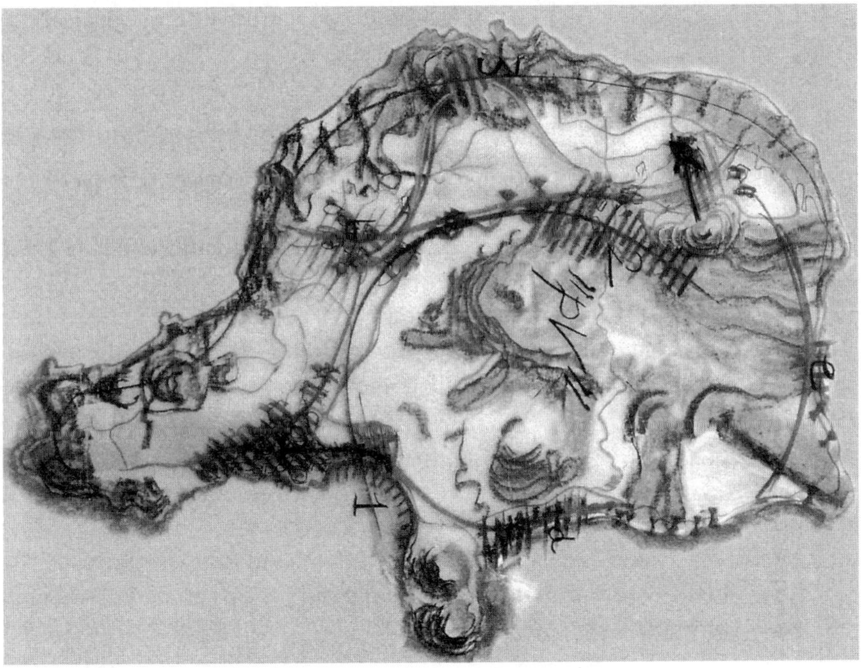

图 3.4　意大利墨西拿迪利帕里岛：图示说明自然和人造环境（引自 Leone，2004：C XII）

星图、建筑立体图或街道外立面图和城市各个面的图可以在网上获得。航空图可以用于准备但不能代替基址踏查。谷歌地球和在线ArcGIS在踏查前也是很好的视觉工具。设计师应该返回到谷歌地球和在线ArcGIS中来检查场地元素与特征。

在基址踏查过程中，设计师会与基址地使用者进行交谈，这和拍摄照片和速写一样有效。一大群拿着照相机、笔记本和地图的参观者总是能勾起当地居民的兴趣和好奇心。这样一种谈话的开始能帮助设计师从居住或在基址工作的人的角度去理解这个场所。

## 生态学规划方法

生态规划兴起于20世纪60年代的北美。当时比如麦克哈格和其他人的先锋性研究，包括加拿大的乔治·安古斯·希尔斯、威斯康星州的菲利普·H.刘易斯，在我们专业人士、学者、学生中是众所周知的。这些研究和应用，起源于区域规划和风景园林的许多先例，并且在20世纪80年代不断进步（Palazzo，1997；McHarg and Steiner，1998；Ndubisi，2002）。

在《生活的风景》这本书中，斯坦纳提出了一个由十一个步骤组成的生态规划的模型（在第一章中有描述过），第三和第四步分别是致力于“区域和当地的调查与分析”，斯坦纳的书中提供了一系列从区域到当地的元素，这些在设计过程中都会涵盖：

- **区域气候**——气温和降水
- **地质情况**——用地形图来衡量一个基址在这片区域用于建设的稳定性

- **地形**——地形地貌（高程和坡度）
- **水**——水量（降水情况、用水、地下水）、水文循环、洪水地区、水质、水文系统、供水、污水处理系统
- **土壤**——特征、土壤调查、土壤能力分类（这项调查特别有助于理解对于某些特殊活动的土壤使用和土壤价值的要求）
- **小气候**——通风、太阳辐射、反射率、温度
- **植被**——植物群落，珍惜、濒危或受威胁植物，乡土植物和适应力强植物
- **野生生物**——种类，栖息地价值，珍惜、濒危或受威胁物种的栖息地
- **现存使用的土地和土地使用者**——对被人类所利用的空间的合理安排、所有权（公共的和私人的）、居住模式、建筑和开放空间的类型

在《花岗岩公园》一书中，安妮·斯本对马克哈格的城市区域方法进行了改善。她用突出的副标题"城市自然和人性化设计"来解释她的方法。斯本阐明了，为了获得更好的城市空间，理解城市的自然环境很重要，包括它们的空气、地质、水文、植物和动物。

## 生态足迹

生态足迹（The Ecological Footprint）这一概念是由马西斯·瓦克纳格尔和威廉·里斯（Wackernagel and Rees，1996）在英属哥伦比亚大学提出的。他们对于计算人类活动的后果，特别是在生态系统上的城市使用方面特别感兴趣。在一个城市设计中，这个概念可以被用来判定一个项目究竟需要多少土地才合适。这个分析是将需要被用于项目的资源与自然重新生产这些能源并生产生态系统服务的能力进行了比

较。这样的结果就是，设计者可以自己估算该项目需要的水、食物和能量，同时也可以估算因该项目而产生的废弃物和碳。

> 生态足迹通过影响变量转换为土地的独立单元，来测量消耗的影响和随后的排废情况（包括食品、住房、交通、消费品和服务的消费）。这包括用于化石能源、建筑环境、园林、耕地、牧场、森林管理的土地征用，也包括非接触森林和非生产领域的土地有限供应，如沙漠和冰盖。它已经在不同的尺度下得到应用，但似乎在国家、城市和个人的尺度上尤其受欢迎，不过最近已经确认该方法在国家层面的应用效果最好，尤其是出于比较的目的，因为有更多工作需要去完成，以便改善其在城市水平上的应用。
>
> 在城市中，该方法可以被用于计算为了维持城市功能的等量土地消耗。这种等量的土地消耗量受到人口和人均物质消费变化的影响。（McManus and Haughton，2006：115）

菲尔·麦克马纳斯和格雷厄姆·霍顿指出，生态足迹的概念已经在欧洲、澳大利亚、北美洲和南美洲的多个尺度层面上得到应用。两位作者认为："通过呼吁关于减少城市边缘区域负面影响方面的公共常识和公平性，生态足迹成为官员和政治家使民众信服他们环境政策的有效途径。"（2006：123）但同时他们持保留意见说："虽然这个手段被期望能够灵活地应用在不同的场所，但这个警示不足以克服我们对普遍化工具中一种内在倾向性的担忧，即过度简化解读问题和解决方案而弱化议题。"（126）由可持续经济中心（The Center for Sustainable Economy）和全球足迹网络（the Global Footprint Network）维护并可以

图3.5　意大利佛罗伦萨圣母领报广场

用来计算生态足迹的网站（http：//www.myfootprint.org和http：//www.footprintnetwork.org）。

## 历史数据的搜集和分析

历史分析强调了在考虑未来的转变时过去的作用。许多城市项目已经在发达地区的城镇和城市实施。工业领域被废弃或侵蚀的现象成为20世纪最后二十五年以来欧洲和北美的城镇进化特征，并且无疑会影响到21世纪的亚洲、拉丁美洲和澳大利亚。城市环境一直通过补充、整合、重建、修复、替换、抵消或拆除来塑造，沿着像罗马这样的城市散步就充分说明了这一点。要进行一项城市设计的工作，就有必要去了解导致现实城镇形态形成的复杂情况。凯文·林奇在他的代表作《城市意象》（1960：1）中写道：

> 城市就像局部的建筑，是空间的构筑物，但是其规模之庞大，只有在时间的漫长跨度中才能被感知……在每一个瞬间，不止眼睛所看到的，耳朵所能听到的，一处环境或者视野等待去被探索。城市本身没有经历什么，但总是与它的环境，导致它形成的事件序列和去经历的记忆相联系。

林奇基于城市本身和我们的个人经验，将时间的作用加以结合。作为城市设计师，我们应该考虑时间在影响城市和使用者的观察上是如何发挥作用的。

埃德蒙·培根在《城市设计》（1974：109）中，根据“第二人决定第一人的作品是被向前推进还是被否决”而制定了“第二人的原则”。培根建议——通过正面的历史案例，比如意大利佛罗伦萨的圣母领报广场（见图3.5），和最近的负面案例，如瑞典斯德哥尔摩的北城规划——在当代城市的城市肌理中进行设计的每一个历史性时刻中，设计师就相当于“第二人”，因为在他们之前，匿名的抑或著名的设计师们已经对城市进行了塑造。他不能忽视巴塞罗那的高迪，或者芝加哥的伯纳姆和赖特，或者纽约的奥姆斯特德，又或者里约热内卢的马克思。“由参与项目的第二人来确定是否依据前人的创造投入设计力量，进行开发、增强或者摧毁。第二个设计师必须放弃他或她自己任性的直觉而去发展另一人的想象力。”（Moughtin et al.，2004：35）

培根（1974：108—109）用了一个示例来描述第二人的原则，时间是在中世纪末期和文艺复兴初期之间：

> 布鲁内莱斯基的育婴院的精彩之处，不论这是否是布鲁内莱斯基的设计初衷，他从圣母领报广场的设计上发现了其他的表现手法。第一个表现在广场上的显著变化，是在他1472年完成的拱廊后的圣母领报教堂的环湾建设。这是米开罗佐于1454年设计的，与布鲁内莱斯基的作品相辅相成。然而，广场的形式仍受到质疑，直到1516年建筑师老安东尼奥·达·桑加洛和巴乔·德阿尼奥洛被委托在布鲁内莱斯基的拱廊对面设计建筑。当时由布鲁内莱斯基设计的建筑已经八十九岁，严格说来，桑加洛的重大决定就是克服自我表达的欲望和本能。在文艺复兴时期的一系列思路下，这个设计建立了圣母领报广场的形式，并建立了通过一些相互联系的建筑设计来创造一个空间的概念……圣母领报广场的质量

保障在很大程度上是源于布鲁内莱斯基给予第一件作品的精湛建筑表现，但是桑加洛让我们拥有了现代形式的露天广场。

在斯德哥尔摩，第二人的原则造成了一个巨大的谬误，培根强调说。由戴维·海尔丹在20世纪50年代设计的诺马尔默下区项目，给出了地铁之上的现代新城的形态构成，替代了现有的“克拉拉四等分”，是欧洲在战后时期更大的城市改造项目之一（见图3.6）。海尔丹项目：

> 它的五座高塔是被集中精心设计的，内部结构十分合理，并且和地区发展功能性联系，从而保留了斯德哥尔摩美丽的历史痕迹……政府规定了五塔的精确位置、形式和规模。戴维·海尔丹独立设计了第一座……接着是第二个人。第二座塔的建筑设计师确定了这两座塔之间应该拥有什么样的联系，正如桑加洛在圣母领报广场中所决定的。他设计了一个和前者拥有非常相似材料、颜色和设计表达手法的建筑，仅仅是略有不同。在这个例子之后，同样的事情接连不断地发生，而第五座塔使用了截然不同的手法，就像一个新的设想。结果造成了不和谐，就如同四重奏中每个人都表现了轻微的走调。(Bacon, 1976: 312—314)

一般来说，第二人被要求介入一个环境中，该环境的构成部分被认为是与预期城市转型相关的驱动力。城市构成的评价可以考虑以下几点：

图 3.6 瑞典斯德哥尔摩北城五塔

• **场地的自然条件**——之前居住区的生态条件如何，人在时间中与环境如何发生关系。

• **城市肌理**——城市形态如何形成，什么行为活动影响了它，主要转变发生在何时。

• **街区形态和特征**——街区的演变过程、密度，城市街区范围内构筑物的正式组成部分（高度和数量）。

• **密度**——在给定地区土地上每平方英尺（或平方米）人的数量。

• **单一功能或者混合用途**——是什么功能标志着或者已经标示了附近的社区和街区。

• **节点**——这些城市元素充当"城市空间中被约束在位于两个关键吸引区中轴线上的一种相反的排列要素，并作为磁体的两极"

（Wall and Waterman，2009：168）。这样的例子有巴塞罗那的拉兰布拉大街（图3.7）、米兰的埃马努埃莱二世拱廊（图3.8）和连接华盛顿的线性空间：国会山、国家广场、华盛顿纪念碑、世界大战纪念碑、林肯纪念堂。

- **建筑类型学**——它们是什么，它们是如何进化的，它们之中一直延续的是哪个。

- **单体建筑**——受法律保护的建筑，如标志性建筑，具有历史性或者构造性特征价值的建筑，以功能著称的建筑，由著名建筑师设计的建筑，由不知名设计师设计的由于能够诠释类型或者与街道和公共空间之间的联系而区别于附近地区的建筑，或者相反的作为负面案例出现的建筑。

- **建筑构建和外界联系**——比如，窗户、入口空间、阳台、凉廊、门廊、拱廊的外在表现形式，以及建筑外立面有何演进。

- **私密空间**——私人建筑的外部空间如何进行组织，以及它是如何被利用的（庭院、花园、停车场，商业用途）。

- **街道网络**——它们的剖面，它们有什么功能，它们被设计时所充当的角色，哪些部分仍在使用。

- **公共空间**——会议、仪式、有代表性的活动和休闲空间是如何被改变的，在公共空间有哪些最初设计的功能得到了实现。可以特别注意的是，理解空间是如何在不同的年龄组中间共享的，通过不同的交通方式，包括自行车、步行、汽车和公共交通设施，以及使用功能在工作日期间是如何变化的，同样的还有白天和黑夜之间。

- **铺装和街景**——影响最初场地设计的因素有哪些，有哪些被保留下来，有哪些已经被替换。

• **地标**——人们利用什么样的标志物作为导向在城市中穿行（高层建筑、桥梁、雕塑，可以作为每个人旅行、散步，或者在城市中骑行的意向图中的标志元素；见图3.9）。

• **规划工具**——城市规划和城市以及负责转变城市区域功能的政策性文件。

• **之前的工程项目**——场地可能在过去受到工程项目或多或少的影响，比如北城的例子。在结果没有得到执行的地区可能会产生竞争。借鉴诸如此类的失败案例，城市设计师需要去避免过去的错误。

通过多种渠道，上述规则可以被借鉴和学习。被收集在公共或私人档案馆或专著中的通用地图、实地勘察、之前的城市研究及历史文

图3.7 西班牙巴塞罗那拉兰布拉

献，可用于再现城市或城市组成部分的城市进化。

## 历史性增长模式地图

为了形象地展示城市面积的增长和转变，历史性增长模式地图是一个十分有用的工具。不同的历史时代，显示在地图上，可以被作为最近一次比较的基础。丰富的颜色可以用来说明历史性制图边界的变化（例如，使用一个从深到浅的颜色模式范围来表示过去到现在，最好是使用温暖的色调）。一个城市模式历史演变图的产生从搜集不同的历史边界的地图开始，而且最好是在同一尺度下。在意大利，例如在公共场合或大学档案室，可以检索覆盖整个意大利半岛的军事地理研究院（IGM）地图。IGM地图的产生始于19世纪末期（意大利统一几年后的1861年），直到最近几年才得到了更新。一般来说，这些地图展示了19世纪80年代、20世纪30年代、20世纪50年代和20世纪70年代的特征。由意大利地区生产的地图广泛流通。

在美国，桑伯恩地图有一个类似的功能。这些地图在1867年和1970年之间被创建，用于为约1.2万个美国城镇和城市评估火灾保险责任。他们提供关于建筑、城市街区和街道的详细信息，同时其规模从50英尺到1英寸都有（http：//sanborn.umi.com/）。

搜集历史地图之后，绘制一个城市历史演变模式新地图的过程便开始了。今天，这样的地图可以通过数字程序如CAD（计算机辅助设计）或如Adobe Illustrator和CorelDRAW的图形程序被创建。最新的地图按照时间顺序与先前的地图进行比较。根据细致程度，建筑或者街区只出现在最近的地图中，以便表示发生在倒数第二张地图与最后一张地图所代表的时间跨度中的转变。这个过程同样

图3.8　意大利米兰埃马努埃莱二世拱廊

适用于前期，通过使用暗色调颜色填充在各个历史阶段的不同城市分区（参见以图3.10为例的应用于罗马尼亚蒂米什瓦拉镇的历史演进地图）。

布莱恩·麦格拉斯曾将类似技术应用于曼哈顿岛南部的规划中。麦格拉斯的曼哈顿时间之城项目开始于20世纪90年代，当时他举办了一个展览，并且出版了名为《透明城市》(1994) 的著作。其后，该展览被永久保留在纽约摩天大厦博物馆，并通过交互和动画计算机模型发布在网站（http：//www.skyscraper.org/timeformations）。根据博物馆及其网站介绍，本展览不仅呈现出“曼哈顿岛南部的分层制图史，更描绘出曼哈顿高层写字楼房地产业的发展历程，这些拔地而起的摩天大厦如今已构成曼哈顿市中心及闹市区的一道天际线”。而对于更

图3.9　芝加哥沃巴什大道：高架列车和远处的特朗普国际酒店

深层次的自然历史，可参见艾瑞克·桑德森的著作《曼哈顿》(2009)，该书对欧洲殖民者到来前的曼哈顿岛进行了景观生态学研究。2010年，国际野生生物保护学会在Welikia项目中将此研究扩展到曼哈顿以外的其他四个纽约城区，以揭示整个纽约的原生态面貌(http：//welikia.org)。

对于其他要素的调查，比如街道与公共空间的等级作用、历史建筑的功能演变、重要建筑的建造特色等，往往通过搜集与这个地方历史相关的老照片、图片、新闻报纸和书籍。或许当地档案室的文件、公共或私人的记录可以让我们理解在过去所作出的一些规划决策以及当其他办法成为首选时解决方案被放弃的原因。由业余历史学家所编写的当地文献，可以帮助我们理解过去的规划决策在现代城市规划

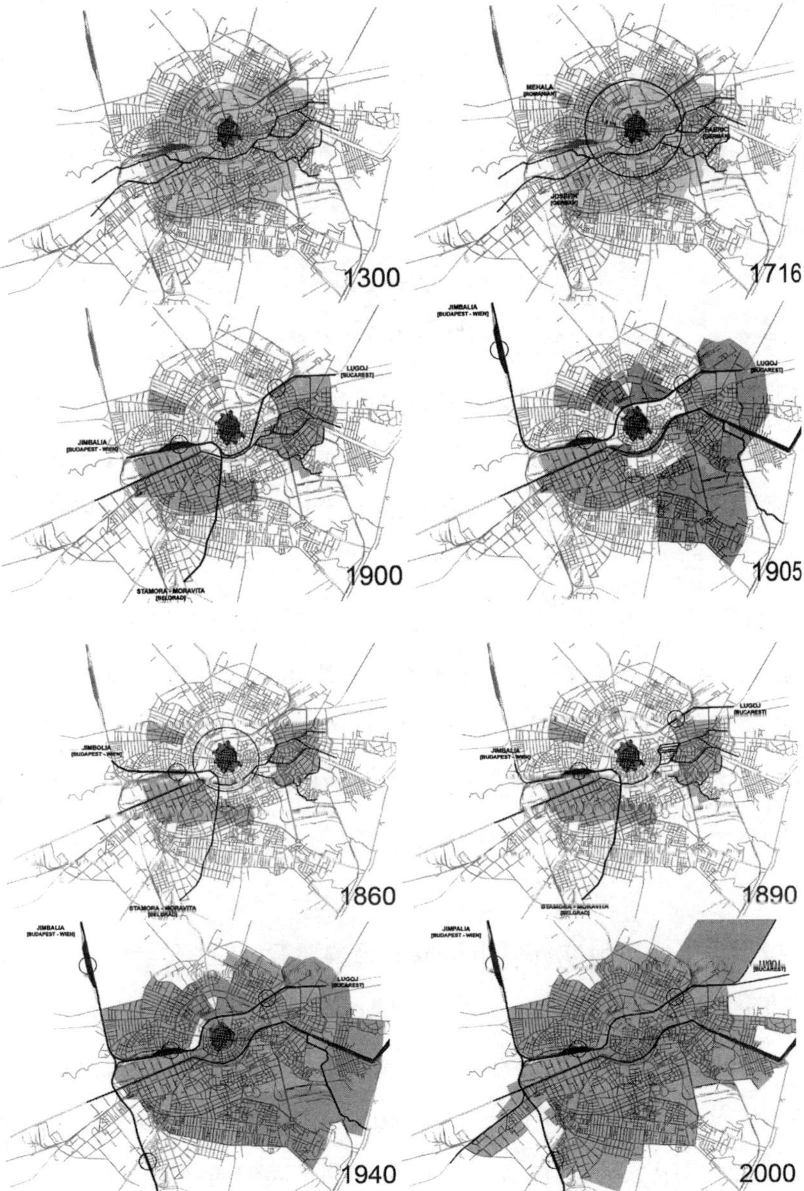


图 3.10　Welikia项目揭示了整个城市最初的生态状况(http://welikia.org)

中的作用。

搜集历史数据有助于在设计的过程中识别场地特征的历史价值，这一过程不但帮助我们发现重要因素的保护和发展方向，同样也区分了那些可以被更换或改造的部分——既可以是建筑，也可以是公共空间。

## 城市形态

场地形态是城市规划分析中需要考虑的另一方面，华盛顿大学教授安妮·维尔内兹·莫顿（1997：3）将城市形态定义为："将城市作为人类栖息地的研究……建筑、花园、街道、公园、古迹是形态分析的主要因素。"

当城市规划的对象出现在历史区域或完善的城市结构时，形态分析尤为重要。这类分析同时也有助于更替和完善城市地域的相关规划，通常是成熟的城市环境下的前工业地区重建，在这种情况下，"城市的形成需要经历一个研究和规划阶段，建筑物往往与特定环境相联系，源于这一事实我们可以发现基于历史研究的认知补充"（Malfroy，2001：66）。

城市街区是古典欧洲城市形成的相关要素，这些要素以一些更重要的变化组成，比如乔治·尤金·奥斯曼在巴黎所做的规划（1853—1882），亨德里克·佩特鲁斯·伯拉吉在阿姆斯特丹的规划（1913—1934），以及英国的花园城市（20世纪初）。根据帕内莱和他的同事们的研究，从20世纪下半叶开始，城市街区受到了人们的怀疑，尽管他们始终保持"对'城市物理尺度'的兴趣并试图探索'城市结构'的奥秘"（2004：ix）。然而，最近美国和英国再一次开始对城市街区进行研究。

在美国，“无论是城市更替还是城市拓展中，新城市主义和新城市主义宪章的影响重新回归到作为城市结构的基本要素的街区道路上。同时，英国的城市乡村运动（以及其他活动）也展示了类似的回归传统形式”（Samuels，2004：viii）。

**费拉·卡泰纳规划（意大利曼图亚）的城市形态分析**

费拉·卡泰纳规划是意大利城市曼图亚的区域规划，这为我们提供了一个如何运用历史和形态分析来规划城市的案例。20世纪90年代末，曼图亚直辖市委托米兰理工学院对其面积约76.6英亩（3公顷）的历史中心进行研究分析，并初步设计了费拉·卡泰纳的详细规划，历史分析为调整建筑物、确定强有力的概念并确定哪些元素保留或消除建立基本的重要指导方针。团队同样还需要一位对城市历史有所研究的学者提供一份当地的历史地图来帮助指导改造规划。

费拉·卡泰纳地区位于曼图亚西南部，在皮滕蒂诺供水系统和在15世纪第三围墙竣工之后被纳入城市。城市的这部分在附近卡泰纳港的影响下进行演变。14世纪末至整个15世纪，港口是城市主要的停靠点，并且重要的商贸活动进入到其周围的地带，影响了整个地区的建设发展。在17世纪，贡扎加国的衰败也影响了城市的经济。同时，卡泰纳港失去了其相关的影响力，并由于缺乏定期的疏浚工程来维护港口，以至于不再适合使用。1707年，曼图亚被吞并，成为哈布斯堡帝国的一部分，因为其区位的重要性成为一个关键的军事要塞。在1709年和1710年，政府为了恢复港口的商业活动，做出了一系列的安排，直到今天仍然可以在很大程度上看到当时对港口进行的规划布局。首先增加的是军事战略需求，尤其是在费拉·卡泰纳地区，需要建设军事基础设施，比如两个新修建的军火商铺。在更加偏南部的地区，存在着已经关闭的两家修道院，它们则被改造成了仓库和炮兵军营。

19世纪，港口地区开始了新的运营模式。19世纪末至20世纪初，制作陶瓷工艺品的曼托瓦纳公司在此开设了工厂。尽管已经建设了铁路并完善了高速公路网，军事设施仍然长时间的存在于港口，直到1964年。19世纪60年代，曼托瓦纳公司关闭并荒废了大面积的土地，整个地区开始不断衰退。在20世纪90年代末，卡泰纳港仅仅供给很少的游船使用。除了零星的重建以外，港口周围的建筑环境处于糟糕的状态中。同一地区的城市总体规划曾被要求建设包含了住宅和商业功能混合的城市用地，其面积大约1 291 669平方英尺（12万平方米），并将城市和区域性服务类用地（法院）增加到现有的538 195平方英尺（5万平方米）。

城市历史的专家学者所提供的相关研究和搜集整理的地图将有效地指导该地区的发展。历史分析的目的是形成区域规划，并支持历史街道网络重建的选择。规划将包括如何确定新建筑的发展方向，如何完善现有的城市规划框架，如何识别哪些建筑可以拆除，以及如何通过法规保护有价值的建筑物、替换或修复那些缺乏历史价值的建筑。

通过分析和研究出版物，比较各种历史地图，以此来确定曼图亚这一区域演变的特征因素。历史地图（见图3.11）表明，大部分的街道和公路网络因为其几个世纪以来几乎没有发生变化，从而具有无可争议的价值。对于某些特定区域，以下是地图上显示的保护机制的分类：

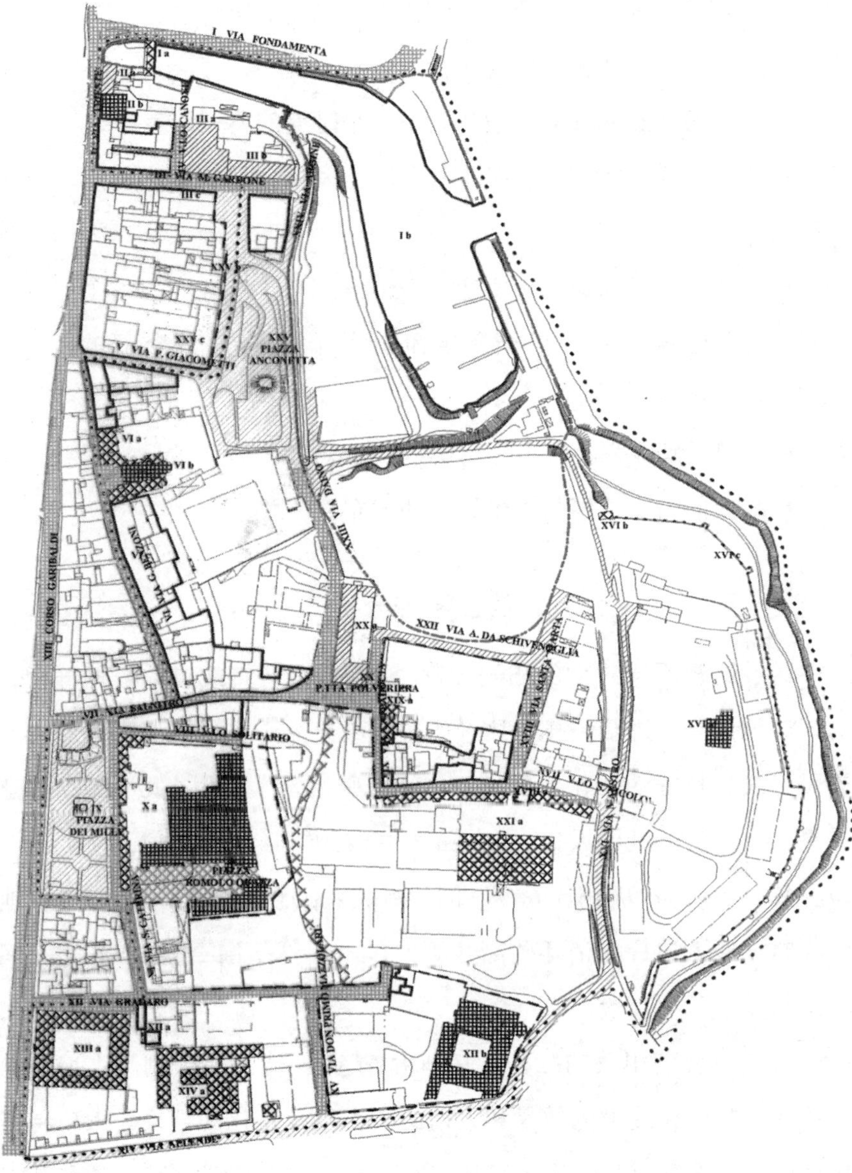


图3.11　意大利曼图亚费拉·卡泰纳地区历史地图(引自Treu,1999,首席研究员克劳蒂亚·博诺拉)

- 具有艺术和历史价值的建筑作为“纪念碑”存在。
- 历史建筑存在一定的建筑价值，但不足以考虑其纪念意义。
- 建筑的特殊元素可以被认为是那个时期的典型代表。
- 历史建筑即使具有建筑价值，但是风貌特征的缺乏将阻止建筑的改造。
- 建筑不具有明显的历史或建筑价值。
- 尽管建筑的类型、特征多样，但是整个街区或部分街区的历史足迹仍然保持不变。
- 古迹的边界保持不变。
- 港口的历史边界与卡泰纳港的旧布局相关。

## 社会经济分析

通过比较不同时期的相同数据，利用人口普查或市政数据分析来对人口统计分析进行安排。这样的分析结果显示了住在城里或周边的居民组成和特征的变化。更详细的调查则揭示了类似衰败的现象；那些不从事经济活动的人口（老人和学生）对参与经济活动人口（处于工作阶段的人，通常从15至65岁）的依赖关系；迁徙的平衡（来自其他地区或国家的人口或抵消那些离开的人口）；自然平衡（出生和死亡之间的比例）。

与城市规划相关的三种人口研究：趋势、特点和预测。人口**趋势**包括变化和变化速度的数量和人口的位置以及变化的结果。人口**特征**包括年龄和性别、组成、出生统计、死亡统计、民族构成、分布、迁移和人口金字塔。**投影**技术包括群体生存模型、几何插值和模拟模型。

经济分析有助于确定有关工作活动、劳动力的构成和房地产市场趋势的现象。其在城市规划的作用取决于项目的目标和任务。规划过程的初步阶段，如果没有明确地提出场地功能或功能数量，一个经济分析可以帮助设想和预览可能的场景。

市区改造总是会影响其周边环境。根据规划的规模和重要性，周围的环境能影响同一社区或相邻的城市地区。在某些情况下，改造的影响可以在一个更大的规模被感受到。这种影响可以是正面的（如，改造实现了它的利益并作为附近地区的案例），也可以是负面的（通常是由于交通和增加交通拥堵）。更多的时候，项目会同时产生有利与不利的外因。规划过程中需要考虑这一点，还要试图预测不期望的经济后果，以便减少它们。

## 交通运输和城市流动的研究

城市交通的潜在增长是从一个城市规划过程一开始就应该考虑的，软件和预测工具可以在不同尺度下模仿潜在的影响。交通模型分析了人们出行的主要方式，许多软件都是可以使用的，并且一般都基于相同的三个部分：

- 道路网络的表现
- 社会经济数据
- 数学公式或分配路线的算法

网络呈现了主要的路线以及如何在研究区域内闲逛，简单的模型中只构造了机动车交通的道路系统，此系统可以展示规划的新道路。道路网络由节点（十字路口）和连接它们的链接（道路）表示。每个节点或链接也有其真实的物理数据信息，如容量和速度，整个系统网络结束于代表连接外道路网络的外部节点处。

场地周围的土地利用是吸引人们多次行走的一个主要因素。预测取决于往返通用类型的土地利用进行了多少次的行走，如购物区和住宅区。模型地区被分成相似的土地用途的区域。每个区域对交通的需求同样是基于社会经济信息，如工作的数量、类型和家庭数量，以及商品、服务、文化和娱乐活动。简而言之，吸引和保持城市或城市地区的人们停留，是城市区域的**可达性**，即“交互、社会和经济的潜在吸引力，从家到众多目的地的可能性选择，为工作和娱乐机会提供一个范围”（Handy and Niemeier，1997：1175）。

因此，城市地区的可达性是一个重要的特征，并且影响城市规划项目。如同汉迪和尼迈尔所解释的：

> 可达性是由潜在目的地的空间分布所决定，到达每个目的地的便利程度、规模、质量和此地居民的活动特征。核心是旅游成本：旅行中花费更少的时间和钱，在一定预算内可以到达更多的地方，其可达性就越高。目的地的选择也至关重要：目的地的种类越多，可达性的程度越高。出行选择也同样重要：更加广泛的到达特定目的地的模式，选择和可达性越高。如同每个人的预期和品位不同，尽管两个人对同一个地方可能会评估出不同的可达性，土地利用模式和交通系统的性质仍然同时决定了可达性。

估算可达性的模型中最广泛使用的是基于牛顿引力定律的“引力模型”，即两个地区之间的引力与它们的规模直接相关，而与它们之间的距离负相关。交通引力模型使用道路网络和土地利用的信息来模拟该地区的交通。在以一种吸引人的方式来衡量一个地区的优点（比如工作、总零售建筑面积、不同类型的机会）的同时，一些阻力则会减少吸引力（旅行时间和成本）（Handy，1992；Niemeier，1996；Handy and Niemeier，1997；Baradaran，2001；Baradaran and Ramjerdi，2001），由此产生的方程可以估计旅行的数量和每个旅行的路线。土地利用的数量和类型决定了将有多少辆汽车被“吸引”，司机通常会选择最短、最快的路线，一条道路的交通拥堵将会导致人们选择其他路线。同样，方程还可以模拟新的解决方案所增加的功能。

据美国交通部所说，引力模型是被广泛使用的公式，主要因为其简单的概念，并且被完好地记录下来。“引力模型的本质，即地区之间的旅行交换与每个区域的相对吸引力成正比，与地区之间的分散空间的功能成反比。分散空间的功能与每个区域的相对吸引力相适应，是为了其能力、预期或旅行策划者克服包含其中的分散空间的必要性。”（美国交通部，1983：I–2）

基于引力模型的可达性，$A_i$表示地区$i$的居民，其数学表达如下（Handy and Niemeier，1997：1177）：

$$A_i = \sum_j a_j f(t_{ij})$$

$a_j$表示$j$地存在的行为活动

$t_{ij}$表示旅行时间、距离或从$i$地到$j$地的花费

$f(t_{ij})$表示阻抗函数

在预测未来旅行需求之前，模型需要校准，完成校准之后，可以反映个人和家庭对旅游目的地的选择，而旅游调查可以为其提

供依据……现实中的行为使校准变得困难——居民的实际行为不一定与首选行为相同——居民在被给予了一组期望的选择中会作出什么样的决定。最终行为是由每个选择的可实现性来形成的。例如，如果一个社区没有良好的行人通道，之后居民会减少步行，但这并不意味着存在良好的行人道路他们仍然不会步行。传统的旅游行为调查将实际行为排除在外，并且没有关注行为背后的原因和居民的基础偏好。对实际行为的详细分析或许可以暗示潜在的偏好与态度，但是需要新的调查类型来充分探索旅行选择。（Handy and Niemeier，1997：1880—1881）

最后是以一种对城市设计师和规划项目有用的形式来解释可达性措施。另一个要被评估的重要问题是公共交通和现有的自行车道、人行道的作用。现实生活中，设计师需要考虑场地附近不同类型的公共交通设施网络以及自行车道、人行道路网络。公共交通线路地图标明了正在建设或可以使用的道路，有助于理解规划场地与其周边环境之间的联系，同时也可以帮助设计师对交通网络提出可能的改变，例如，改变基址现有的公交线路，考虑在区域附近添加新的公交车站，或连接场地现有的轨迹。

由英国政府交通部门准备的《交通评估指导》(2007：8，9) 显示，在交通评估的准备期间，必须考虑以下问题：

**鼓励环境的可持续性**

- **减少开车出行的需要，尤其是汽车**——降低对旅游的需求，减短旅行路程，通过促进具有更加可持续发展模式的社区，减少关键土地利用的物理分隔，来促进土地的多种用途或相关旅行。
- **解决旅游对环境的影响**——通过增加可持续交通的选择，利用公共交通、步行和自行车等服务设施使人们更安全、更容易到达工作地、购物点和休闲场所。

- **地理位置的可达性**——场地的服务半径或可达性、无车模式下的可达性，尤其是当大量旅游需求出现时的长远发展。

- **有助于影响旅游行为的其他措施**——通过如下措施来减少汽车使用（特别是低载荷车辆），比如拼车、高承载车道以及停车控制。

**现有网络的管理**

- **最大可能地利用现有的交通基础设施**——比如，低成本改善当地的公共交通网络，并且使用先进的信号控制系统，公共交通的优先措施（公交车道），或其他形式的智能交通系统对高速公路网络运作的改善（需要注意的是，现有的公共交通基础设施的容量和人行道是有限的，而且在某些领域已经存在拥挤现象）。

- **管理公路网络的可达性**——对高速公路网络发展的可达性管理，使其尽可能“符合”可用容量。

**减少残余的影响**

- **通过需求管理**——通过广泛的网络系统使用交通控制措施来管理车流。

- **通过改善当地的公共交通网络、步行、自行车设施**，例如，扩展公交线路和增加使用频率，为场地规划步行和自行车设施。

- **通过对现有道路的微物理改善**——在某些情况下可以微调整现有道路的容量，比如在现有公路边界内改善交叉路口等。

- **通过提供新的或更大的道路**——在考虑提供额外的道路空间之前，需要考虑的是交通规划实践是否表明已经充分研究过其他的可能，如新的道路或主要路口升级。

## 公共设施的研究

城市土地转化的另一个关键点在于满足日益增长的人口对于基础设施的需求。新市民期待的典型设施有学校、绿地、医院、社会服务、宗教活动场所、运动设施、商店、社区中心和图书馆等。而餐厅、酒吧、城市公园和其他城市基础设施可能是公司职员和偶然消费者所期待的。文化基础设施，比如娱乐场所、影院和博物馆，可能会在开发区出现。

在有新的地产开发的城市设计方案中，应该考虑到新增人口对现有社区服务的需求。方案中也应该考虑到在那些现状无法满足新增人口的社区提供额外的服务。第一步就是确定现有的服务设施：学校、绿地、给老年人和青少年提供的服务场所、安全设施以及停车场。

一项有关现有服务的需要与当前和预计人口来比较的调查，可用来评估现有的服务能否满足未来的需要。社区服务的多层次可以不同的方式决定。例如，1968年意大利法律（Dm 1444，1968年4月2日）定义了住房和公共空间之间的间距，以及停车场和住房之间的间距。最低被定在平均每人194平方英尺（18平方米）的公共空间（不包括道路），不论是现在还是将来。所制定的最低限额是对城市规划和城市转型过程中的强制性导则。设计师应该考虑每个居民，对照一般水平，对应于862—1076平方英尺（80—100平方米）的住房。每位居民194平方英尺，根据所制定的规范，应划分如下：

- 48平方英尺（4.5平方米）教育设施：托儿所、幼儿园、小学和中学
- 22平方英尺（2平方米）共同利益设施：宗教文娱设施、社会慈善、卫生、行政、公共服务

- 97平方英尺（9平方米）的公共场所，如公园和体育设施
- 27平方英尺（2.5平方米）的停车场

约翰威利公司出版了一系列标杆书籍，包括建筑、景观建筑、城市设计和规划，旨在帮助设计师在初步设计分析阶段理解新增的人口对核心社区服务最低限度的满意值（美国规划学会，2006；Hopper，2006；美国建筑师学会，2007；Steiner and Butler，2007）。城市设计师，通过与地方官员和受影响社区的交流与沟通，将构建基于实际情况下社区服务框架。

**英国城市公共设施的提供**

城市课题小组的最终报告，是以《迈向城市复兴》为名被更好地知晓，1999年在英国首次出版，再版于2005年，提出了公共设施这一主题，它始于可以保证社区设施的居民数量。每个服务基础设施与所对应来支撑的人口规模相配合（城市课题小组，1999：61）：

- 小学：2500—4000居民
- 医生：2500—3000居民
- 街头小店：2000—5000居民
- 公共住房：5000—7000居民
- 邮局：5000—10000居民

最终报告还提出了结合距离和人口识别核心基础设施的另一个方法。一个图显示地方、社区、行政区、城镇和城市范围，一个表格根据距离与流域区分出了不同层次的基础设施。

英格兰、北爱尔兰和苏格兰的政府制定了规划政策和指导方针来处理规划的几个方面——从废物运输的管理到保护自然等。其中的一些规划政策和指导方针制定了新的设施管理规定，以及适当平衡了新的基础设施管理与现有基础设施加强之间的关系。

在英格兰，这些政策被称为“规划政策声明”(PPS)，此前被称为“规划政策指导笔记”(PPGS)，这项声明提供了所谓“中央政府在指导规划上的意见”。同样，苏格兰也制定了“苏格兰规划政策”(SPP)和“国家规划政策指导意见”(NPPG)，而北爱尔兰也提供了一些PPS(Rydin，2003；Cullingworth and Nadin，2006)。

英国的“规划政策导则17：开放空间、运动和休闲规划”(英国政府，2002b)陈述道：

> 政府认为，开放空间标准最好由本地设置。在国家标准不适用于当地的情况下，如不同的人口学资料和地方现有建造的发展水平的程度。当地标准应该包括：
>
> - 定量元素(可能需要新规定的数量)；
> - 定性组件(用来衡量现有需要加强的基础设施)；
> - 可使用性(包括距离阈值和考虑基础设施的使用成本)。

《规划政策导则17指导手册》(英国政府，2002a：2)旨在提供“清晰和合理的事实给开发商和土地拥有者，有关规划部门在开放空间、运动场所和娱乐供给上的要求和期待”。导则是为了提供实用的以及地方当局履行PPS的案例。《规划政策导则17指导手册》强调了根据当地情况来确定开放空间和运动场所基础设施尺度与特征的重要性。

对大多数形式的开放空间和相关的体育和娱乐设施的需求在很大程度上与人口息息相关，这种需求来自广泛的参照标准，而有关数据也会对政府有所帮助。然而，人口的数量只是众多影响一个地区需要供给数量的因素之一。其他相关的因素包括：

• 本地人口的年龄和社会结构，连同其分布和密度的变化；

• 自然草地与人工草地的比例；

• 政府及其合作伙伴在促进体育发展程度及在公园和其他绿色空间上开展集会或其他社区活动的能力；

• 学校的体育设施对社区居民的开放使用程度；

• 私人绿地的数量；当地的习俗，比如，板球运动在约克郡特别受欢迎。（英国政府，2002a：14）

在2004年，北爱尔兰政府发布了“规划政策声明8”（PPS 8），题为《开放空间、运动和户外休闲》。这项声明建议“为‘户外活动空间’制定最低标准为每1000人口2.4公顷（5.9英亩）”（北爱尔兰规划服务，2004：12）。北爱尔兰政府也公布了一份有关机动车与自行车停车场所规定的文件，将特定的活动进行分类，包括住宅区、酒店、学校、电影院、剧院等，这些都可能成为定义停车空间的有效的参考（北爱尔兰规划服务，2005）。类似的文件由苏格兰行政院发布，如“苏格兰规划政策17”（SPP 17）、《交通和停车规划最高标准》（2003）、《关于开放空间的最低标准》（2005）。

苏格兰的NPPG17（“国家规划政策指导17”）的目标包括“促进健康生活，培养社区的集体荣誉感和凝聚力”（苏格兰行政院，2003：

28）。因此，在鼓励文娱活动的同时，NPPG17也在保护自然特性和水资源、有着显著自然美景的区域以及绿带上都有指导意义。

**美国标准**

托尼·维尔指出："在美国，国家娱乐协会（现为国家娱乐和公园协会，NRPA）在20世纪早期建议的标准，每1000人口10英亩（4公顷）的开放空间。"（2008：3，引自Wilkinson，1985：191）10英亩被分成社区、行政区和"大型城市"公园和儿童游乐中心以及运动和非正式的娱乐用地。固定的国家或州的开放空间规划标准的观点明显拒绝支持对基于需求的解决娱乐规划的措施。维尔还报告说："1971年，NRPA发布并且更新了标准，宣布以需求为基础的建模方法是'高度理论化的'，不适合社区层面的规划（Buechner，1971：23）；1983年的一份报告中提出了一个以需求为基础的方法来补充其标准（Lancaster，1983）；以及一份1996年的报告提倡使用以需求为基础的方法（Mertes and Hall，1996：7）。"（Veal，2008：3）罗杰·兰开斯特（1990）提供了一些对开放空间和休闲运动区的标准尺度和建议。国家游乐园和公园协会提供了一些基于不同目的的标准。

**伦敦塔桥**

在城市设计中，对场所本身的特征考虑有时候能够化解对设施规范的刻板性。例如，伦敦塔桥（也称为"玻璃碎片"），由伦佐·皮亚诺建筑设计工作室设计，在他们的设计中并不提供汽车空间。桥头堡所在的地方是集中且更好地服务于列车（6车道）、地铁（2车道）和公共汽车（15车道），以此来提高公共交通的使用率。伦敦市当时的要求就是，希望设计师能营造一个没有停车位的广阔的轨道空间，除了维修车道和残疾人通道（Irace，2007）。这个项目在伦佐·皮亚诺建筑设计工作室网站能够查阅到(见图3.12)。

> 包括火车站广场和公交车站的重建。现有的屋顶将要被拆除,取而代之的是一个光滑的玻璃穹顶,小商铺也要重新安置,打开火车站、公交车站、出租车停靠点等之间的视线连接。两个新的30米×30米(98.5英尺×98.5英尺)公共广场将成为该设计的中心。这样的改进使得这片曾经拥堵的和被忽视的城市公共领域焕发新的光彩,也使得这块区域能有更好的发展。(RPBW,2010)

**城市公共空间**

有时,一个设计师可能规划一个具有历史背景的,或者是城市中那些具有特色的不同于一般公共或私密的空间。术语“公共空间”不仅是指公园和非营利性的场所,也指能具有广泛用途的空间。这些空间的组合可冠以术语“公共城市”。这个定义包括了物质和非物质元素的结合,它支持广泛多样的社会行为和城市活动。

1938年,刘易斯·芒福德提出了有关城市空间的倡导:

> 这个城市是一种最高级和最复杂的,相关联的生活类型的物质形态。进一步关于城市的结论是从属于这个概念下的:社会性是首要的,这是一个城市的物质组成,其产业和市场、通信和交通,都是满足其城市的社会需求。然而,我们的城市在过去的这个世纪[19世纪],大刀阔斧地进行了城市的设施建设,解决了基本的社会问题。政府各个职能部门、教育机构、社会服务的建设,却是作为事后考虑的。今天,我们必须把社会核心作为最基础的要素,

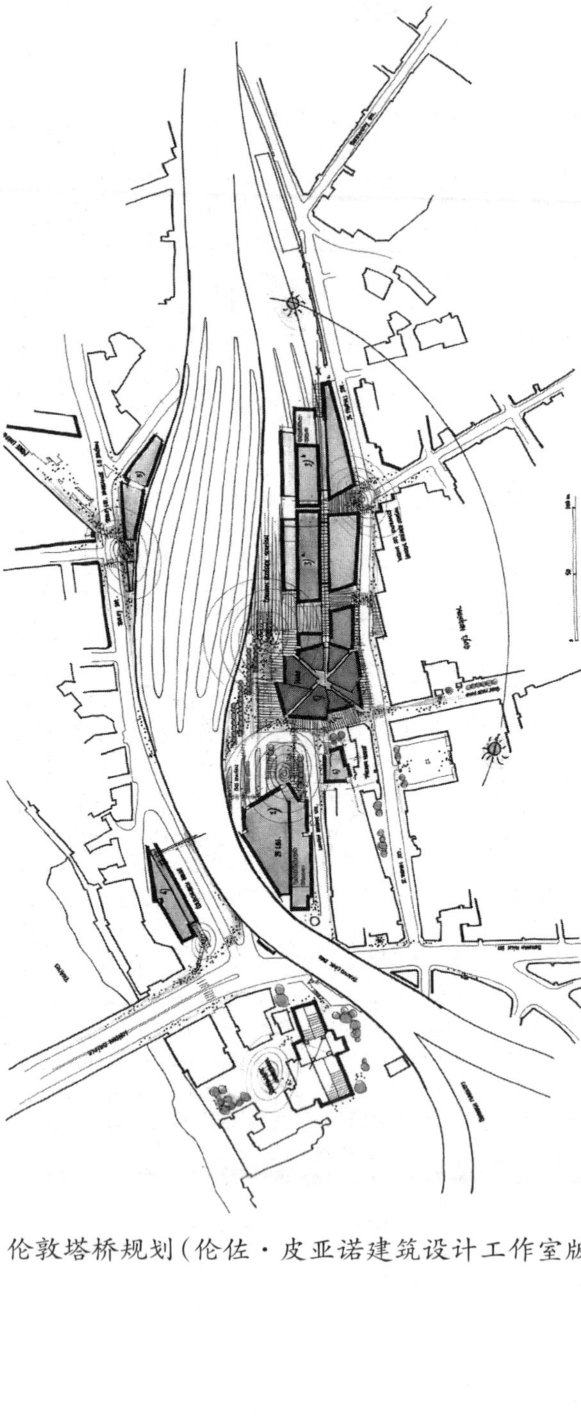

图3.12　伦敦塔桥规划(伦佐·皮亚诺建筑设计工作室版权所有)

> 在每一个有效的城市规划中实现：合理规划学校、图书馆、剧院、社区中心的位置，首要任务就是如何规划城市街区来形成协调统一的城市轮廓。（Mumford，1938：482）

在城市之中，“公共”和“私人”空间几乎是不可能精确地区分出来。这两种空间因为通常相互关联和有时候模糊不清，成为重叠层次（偶尔还会出现半公共半私人的空间），但公共城市始终扮演着联结不同元素的角色。城市也能被分解为三个主要的组成部分：

- 基础设施——移动、组织的物质组成成分，可交易的物品、物资、商品和人：公路、铁路网络、桥梁、停车空间、人行道、自行车道、下水道系统，水和电力供应，电话线路、电缆和天然气分布。
- 公共基础设施——医院、学校、剧院、体育设施、图书馆、宗教场所和文化或娱乐中心。
- 公共空间——在建成元素中人们交流沟通的场所，比如广场、花园、公园、开放空间、步行区域、街道和小路。

> 越来越多的绿色空间（园林道路、公园等）被认为是为生态系统服务的一种绿色基础设施的形式。绿色基础设施和公共空间都可以给环境和社会提供良好效益。公共场所能够给群体活动提供良好空间。它们提供支撑城市所需要的元素，同时它们“允许”共享城市体验，提高对彼此的尊重，也是建设多样化的城市文化的基础。（Gastil and Ryan，2004：9）

英国建筑和环境建设协会主席约翰·瑟尔，在莎拉·吉文塔所出版书籍的“前言”中提到对公共空间的看法:“世界上的每个人都需要公共空间，当你离开你的住所走向街道、广场或小路之外，你就处于公共空间之中了。从这个意义上来说，公共领域是居民个体能享受到的为数不多的福祉，不论贵贱，不论长幼。”(Sorrel，2006：7)

扬·盖尔是公共空间设计的老前辈——为理查德·罗杰斯所称颂——专注研究城市公共空间四十年。他的研究与凯文·林奇名为“旅行日志（1952—1953）”的第一个对于城市空间的调查研究相类似(Lynch，1990)。盖尔的研究是丹麦的城市和其他地方公共领域的质量，这些领域的成功或失败之处，谁是使用者以及使用者是如何利用这些空间的(Gehl，1987；Gehl and Gemzoe，1996，2000)。他的书提供了一系列的案例来强调城市设计师的角色：作为一个观察者能够了解使用者的习惯和偏好，以及现有公共空间的设计如何影响人们的体验。盖尔通过区域行人计数法和固定活动调查法研究，将人们在城市中活动的场所进行量化。盖尔还分析了城市户外家具、铺装材料和其他的城市特征的质量。

公共空间和私人空间的交集是杰罗尔德·凯登(Kayden，2000)与纽约城市规划和纽约市政艺术协会合作的重点。凯登针对的是特定的公共空间类型——“私人享有的公共空间”。他的研究对开放空间的研究具有指导意义，包括他们的历史和管理设计、操作和实施的法律。

马修·卡蒙娜(2010)提供了对城市公共空间的分类，展示了一个城市会包含广泛的各种类型的公共空间。

**公众意象**

凯文·林奇的一生大部分都奉献给了物理城市与都市体验，以及物理空间与人类使用之间互动的研究。他非常渴望“去了解大众而不是受过培训的设计师如何看待和理解每天所接触到的周遭环境，什么是他们觉得有价值的，它如何改变了他们每天的生活及活动，这些又是如何反过来成为城市的组成部分的”(Banerjee and Southworth，1990：4)。

在《城市意象》一书中，林奇描述了研究的三个城市——波士顿、泽西城和洛杉矶。

> 美国城市的视觉质量是通过住在这座城市的公民对城市的意向所决定的。它特别集中于一个特定的视觉质量：显著的清晰度或者一目了然的城市天际线。借此我们可以发现舒适及其组成部分是可以被认知的，并由一个连贯的模式来组成。这本书明确表示，在城市的设置中，易识别性是十分重要的，并试图说明这一概念是怎样运用于我们现在的城市之中的。(1960：2—3)

林奇的研究成为了都市规划和计划的代表性著作，其目标是使“公众意象”个体化，也就是说，“大量城市居民的普通公共精神写照：区域性的一致可能被期待显示出个体的自然规律的现实性、共同的文化、基础的生理自然之间的相互影响”(Lynch，1960：7)。

他的研究目标是发现连接属性的同一性和精神意象结构的物质性品质。根据林奇所说，“这导致了应该叫作‘可想象性’的概念——物质所拥有的这些品质赋予了任何观察员对其产生强烈意象的高可能性”。

两个基础分析在各个城市被执行：

> 一个训练有素的观察员，绘制过不同要素之间的可视性、意象的优点与弱点、它们的联系与断开、它们的相互关系，也曾记录过潜在意象结构里特殊的成功之处和难题，他会来徒步测量规则场地。这些主观判断是基于对场地中快速出现的这些元素。
>
> 一个漫长的会谈在小部分城市居民样本中进行，来激发他们对物质环境的印象。会谈包括简述、位置、草图、想象中旅途的进行方式。这些人中包括了在当地长期定居或工作的人们，他们的住处或工作地点分散在被考虑的区域空间里。(Lynch，1960：15)

林奇分析的一个结果是，不同的城市拥有一个公众意象，与许多个人意象有所重叠。在城市规划之中，应该用形式来加深含义而不是否定它。林奇发现，将其研究中搜集到的环境意象分为五类重复出现的元素会非常方便：

• “**小道**”是观察者习惯性、偶尔或潜在移动的通道。它们包括街道、步道、地铁线、运河、铁路线。对许多人来说，这些要素主导着他们对场地的意象。

• “**边缘**”与道路不同，是不被观察者使用或考虑的线性要素。它们是两个区域的分界线，是海岸、铁路线的断点、发达区的边缘、墙体均是线性打断的衔接处。对许多人来说，这些要素是重要的结构特征，特别是将整体区域聚集到一起，当水体或墙体区分城市时。

• “**区域**”是一个中等到大型的城市组成部分，设想它们拥有二维性延伸。观察者精神上能够进入它们，并被认为有一些共同的、可识别的特征。

• **“节点”**是一个城市战略性的、观察者可以进入的、被加强的焦点并可以使他们在中间旅游的地点。它们可能是首要的连接点，运输系统的断点，人行横道，道路集合点，从一个构筑物转移到另一个的片刻。或者，节点只是简单的集中物，一些用途或自然特征的节略。

• **“界碑”**是另一种形式的参照点，但是观察者不进入其中，它们只具备外用功能。它们经常是一个简单定义的物理目标，像一个建筑物、指示牌、商店或是山体。

生态学者与风景生态学者使用相似的术语来解读园林：走廊、边缘、斑点、矩阵和马赛克。克利夫·莫廷和他的同事认为：

> 小路、节点、界碑、区域和边缘均在判定一座城市的易读性上起到重要的作用，但是即使在较小规模的行政区或城市的地区，它们也有相似的功能来给予一个地区身份。相同的，对于行政区，有较小的小路、节点、地标、有与众不同可辨认分界线的子区域。这些构造的观念帮助设计者集中注意力在物质组成的种类上，如果对它们运用慎重，可以使一个行政区或城市对于市民与观光者都具有显著的、丰富的感性细节。（2004：52—53）

对于林奇来说，被访问的人所提供的公众意象，以及意象图上重复出现的元素，可以帮助设计者创造出一个视觉计划。由林奇所推荐的方法已经被广泛地使用。通过一些预防措施，这个方法在城市设计中是非常有效的。在研究领域的五个关键元素的意象和确认需要设计者与公众一起通过讨论磋商来判别。但是，设计者对相同元素的确认也许会限制甚至误导分析及最终的结果。

林奇的最为重要的课程里，有一门是涉及让市民作为分析过程中的主要人员，包括小孩和老人。传统的林奇分析是通过问卷调查或者直接访问来进行的，通常都会让实际或是潜在的基址使用者来画一些“意象图”。

如果经验是重复的，那么设计者就需要向心理学家、人类行为学家或者城市人类学家请教，以确保调查可以朝着有用的结果发展，而不是误解来自公众的信息。凯文·林奇——通常在他的书里，尤其是在《基址规划》(*Site Planning*, Lynch and Hack, 1984)、《道路景观》(*The View from the Road*, Appleyard, Lynch and Myer, 1964)，以及《地区感管理》(*Managing the Sense of a Region*, Lynch, 1976)——广泛地使用图像细化，可以简单地复制，并且可以为城市设计师在分析过程中提供出色的灵感。

**交互式地图**

交互式地图是一种常见的用来展示城市地域构造的方法。这样的地图通常被叫作“图形背景”，因为它通过黑色图形来表示建筑，而通过白色图形来表示开敞空间背景。这个名字是以意大利科莫省的制图师巴蒂斯塔·诺利命名的。在18世纪上半叶，诺利通过新的工具完成了首个完整地形地图，包括了整个罗马城市和它的历史遗迹。在细致入微的城市纹理墙里包括了三百多年的教堂、庭院和主要宫殿的楼梯、修道院、残留的纪念碑、古老的遗迹。原始地图现在保存在罗马的威尼斯宫艺术史图书馆里。地图在1748年出版，早于禧年1750年两年的时间。(Bevilacqua, 2005)

罗杰·特兰西克(Trancik, 1986: 98)认为，交互式地图是对于图形背景的最好例证，在其中，空间被构想为一个与周边物体具有完整关联性的切实存在的实体。根据这一理论，“分析建筑体块与开放空间之间的关系是理解城市形态的出发点。图形背景方法可以成为一种具有说服力的分析工具，以辨别城市构造中的肌理和模式，以及在空间序列中存在的问题”(98)。根据文丘里等人的著作《学习拉斯维加斯》，交互式地图“揭示了罗马的公共与私人空间之间敏感和复杂的关系。私人建筑的公共外部与内部空间用灰色的交叉双排线来表示。开敞或密闭空间在细节上用更深的*poché*[一个用来描述实体设计元素，如墙壁或塔，在建筑规划中被提出来的术语]。教堂的内部读起来就像是宫殿的广场或庭院，而各种品质与尺度都紧密相连”(Venturi, Brown and Izenour, 1972: 18—19)。这样的一份拉斯维加斯的地图帮助显示和阐明了公共与私有空间。

文丘里和他的同事(1972)将交互式地图用于拉斯维加斯大道，运用俱乐部入口会堂和婚礼小教堂取代了教堂。在这样做的时候，他们揭示了这座城市的结构。通过展现一座城市或它的一部分中那些链接和分布的地块，这项技术有助于揭示公共空间和半公共空间的价值。

最近在城市空间的公共土地中，运用的交互式地图是“启发式交互地图”(Hwang and Koile, 2005)。在哈佛大学设计研究生院，它的模型被作为博士学位论文，以帮助理解城市空间。形式、功能和使用模式经常被使用。

“启发式交互地图”的概念包括了在设计过程中，建立一个公

> 共领域的用户表现，以及最后对于该表现进行的修正。表现方法包括了一个数据模型和一个可以体现用户关于什么是公共用地观点的机器学习组件。机器学习组件是一个分类器的结果，报告实体的“公共性”，和一个用户自定义类型的公共领域。因此“启发式交互地图”提供了一种方法，允许设计者通过系统的方法来管理她（或他）的知识。（Hwang and Koile，2005：2—3）

模型显示了一种已经超过四百年的工具的当代使用方法。于先进的计算机系统来说，这种成熟而具有代表性的工具，是一个讲究而富饶的组合。然而，弗吉尼亚大学景观建筑学教授迈耶（Meyer，1997：57）警告传统的图形背景的使用。她认为，它们作为一种分析工具的价值仅局限于初步研究。不管立体模型是依赖于具体的建筑还是假想的空间，图形背景图都未能表示空间中的树木、地貌以及其他的中间状况。它们的世界不是黑色就是白色，也可以二者选其一。

迈耶提倡用有图案的背景来代替，被她定义为“其在比喻物体和中立领域之间、满与空之间的波动形体。它发现了地面的构造，包括地形和地质的构造”（1997：52）。例如，得克萨斯州奥斯丁的绿色区域扩展计划，就使用了图形背景图来说明新型绿地与建成区的关系（见图3.13）（Steiner and Almy，2010）。

## 在搜集信息时想到“跳出盒子”

城市设计，无论是以源于直接委任的一种竞争的形式还是以研讨会任务的形式开始，通常总是被界定了研究范围。这个界限与一种属性限制一致，抑或是与当地行政规划的区域，以及由本地规划机关通过

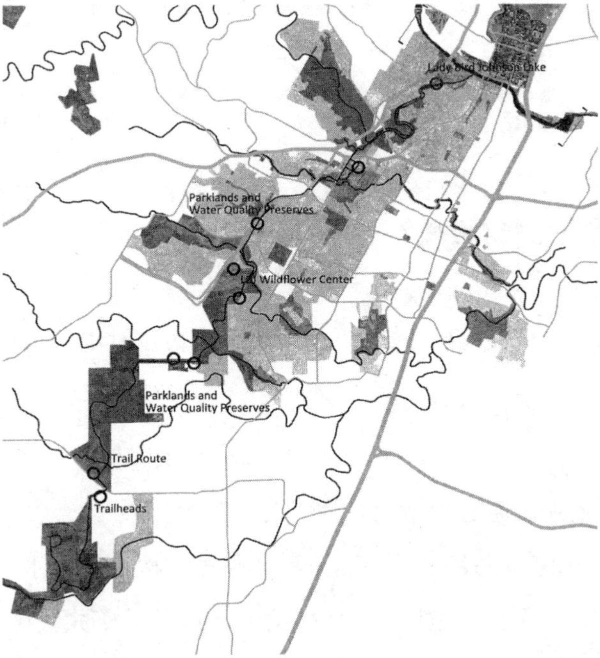


图3.13 步行一天的图形背景图（Dean Almy and Li Hang绘制）

的城市规划保持一致，又或者对应了一种历史或生态框架。设计师会倾听客户的需求，创建简报，并且列出参与者提出的前提条件。设计师不但需要尊重区域的物理局限，还要遵守工作的安排。

当情况允许和机会合适时，有时超越极限是有用的："跳出盒子"思考。"跳出盒子"是一种描述不遵照准则的、有创造性思维的表述。这一术语据说来源于20世纪早期英国数学家亨利·厄内斯特·杜特尼创造的一个著名谜题，要求解谜者在一个3×3的格子里用一笔画成的四条直线连接九个点。想要成功的话，解谜者必须意识到这个点列阵的边界是在心里的。解谜的唯一方法是把线条延伸到九个点界定的边界之外（见图3.14）。

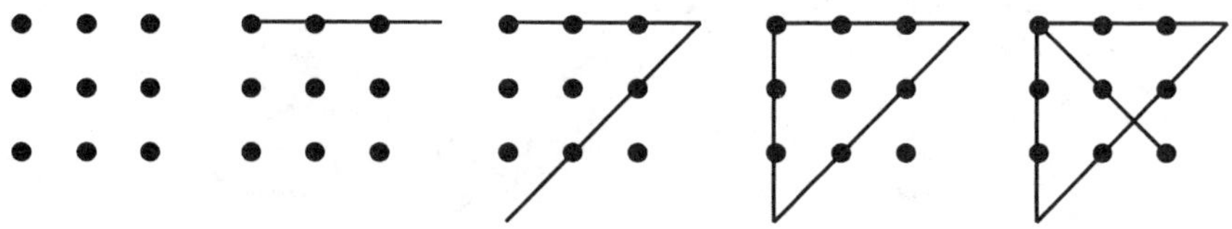

图3.14　一个3×3的网格用四条直线连接九个点。“跳出盒子”思考有利于解决问题（达尼洛·帕拉佐绘制）

在城市设计中，“跳出盒子”思考意味着以下任何一点：

• 扩大分析的边界（没有任何领域是一座孤岛），对超出场地正常值范围的影响的确定和量化，仍然是正常范围内系统设定的一部分。例如：材料从何而来？电从何而来？如何处理废水和雨水？

• 思考工程及其先决条件之外的因素启发了研究领域边界之外的改变行为，例如与公共运输的联系，以及与周围风景的视觉联系。

• 不仅以一个设计师的眼光看规划，而且还要想到如何被那些不懂设计的人看懂和接受。这种方法能够帮助减少那些因充斥在设计展示中的过多的、复杂的图形技巧，以及将建筑展示为多彩的蜡烛与小小的怪异物品一起摆放在亮红色背景上的样子而带来的损害。

• 丰富包括自然以及文化传统在内的设计参照。

想到盒子之外需要设计者的想象力。思想应当不被限制在给定的界限之内。探究到盒子之外也意味着抛弃技术人员孤立的假设，同时丰富了知识储备。这意味着知道解决问题的方法不止一种，而且解决方法也是由规划本身决定的，在城市设计的过程中应当有组织性地执行分析。换句话说，城市设计需要同时具备与组织城市设计任务的能力相适应的创造力，需要有将搜集数据和知识作为后续进程和方案完成的稳固基础的能力。

## 小 结

生态学向我们解释了联结的定义，关于一件事物是如何与另一件事物相联系的。在一个城市选址设计的时候，我们必须要学会如何来获得和看见这些联系。阳光是如何整天穿过场地并且在过程中制造出阴影的？这些阳光和阴影是如何在场地中变化的？在场地中有多少的降雨或者降雪？又都是在什么时候？这些问题的答案会帮助设计者们理解场地的潜力及局限性。

对于场地来说，设计者理解得越多，就会有更大的优势，同时避免或者减少不足。设计者需要像英国诗人亚历山大·蒲柏在18世纪提倡的那样，揭示“场地的天赋”。在我们通过报告、地图和访问等方法，对场地进行调查后，我们需要将我们已经获得的知识进行梳理与整合。

# 第四章
# 整　合

城市设计团队所搜集到的信息构建了一个知识框架体系，该框架囊括设计师初步设计和开始总结分析的各个阶段。所有进一步的数据搜集和调查分析都取决于以下因素，如城市设计任务的尺度、性质、可用的时间和有效信息以及设计团队的水平和能力。

为设计阶段做准备，所获得的信息必须得到汇总和有效的利用。许多技术方法能够对从场地获取的信息进行分析和总结。本章将描述五种技术方法：(1) 优势—劣势—机会—威胁（SWOT）分析；(2) 限制因素和机遇地图；(3) 断面图；(4) 轴测图；(5) 适应性分析。这些方法具有易于操作和相对高效的优势。

从检验在**认知**阶段中搜集到的资料开始，设计师能够给该场地提供一个判断，这个阶段可通过使用软件模拟不同的状况（例如交通、阳光或噪音），或者利用地理信息系统存储和处理映射数据来得到验证。在**整合**阶段，设计师可以使用其他技术方法来加深或巩固对设计任务、场地信息的理解，如尺度对比和实体模型制作两种方法，可以帮助设计师明确两者的空间尺度和不同空间场地的相互关系。另外，研究相关的案例，可让设计师把他们的任务和先前已实施的城市设计案例进行对比，并通过以往的惯例进行计算。

这一阶段包含将从认知阶段中调查所获得的全部结果联系到对场地进行一个全面综合描述的过程，以便获得广阔的视野和全面的观点。理想情况下，这种信息的整合会是引领城市设计师走向完成项目的最佳道路。

## 整合方法

搜集到的信息如何被整合，取决于时间、可用资源和设计师决定采用的技术方法。时间是受设计种类所影响的。在竞标或者工作室中，时间往往是珍贵的，快捷的技术方法通常也是必需的。资源不仅是经济性的，而且也涉及有专业特色的设计团队。总的来看，三种关系类型在专家和学科知识之间出现，这里通过图形图（见图4.1、图4.2和图4.3）和音乐隐喻来进行描述。

- 设计师作为**"一人组乐队"**，一个人操控全部的乐器。或者说，设计师担负着不能完全领略其精髓的风险，并独自探索各个不同领域。
- 设计师作为**"乐队指挥"**。专家不与他人交流，但他们的研究要与负责协调一个多学科方法的设计师相关，在这种方法中，设计师向专家"提问"。

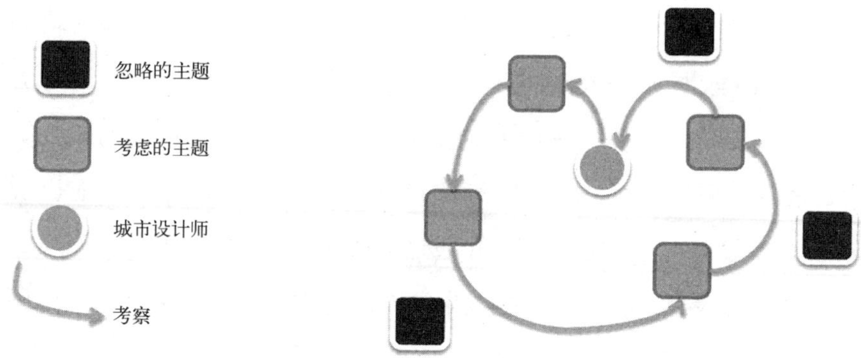

图 4.1　设计师作为“一人组乐队”（达尼洛·帕拉佐绘制）

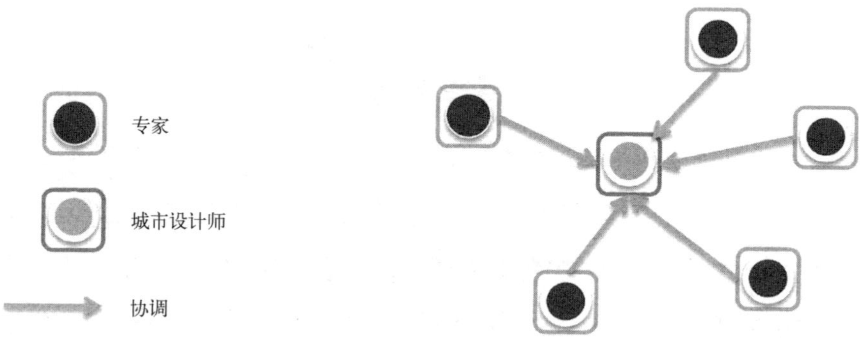

图 4.2　设计师作为“乐队指挥”（达尼洛·帕拉佐绘制）

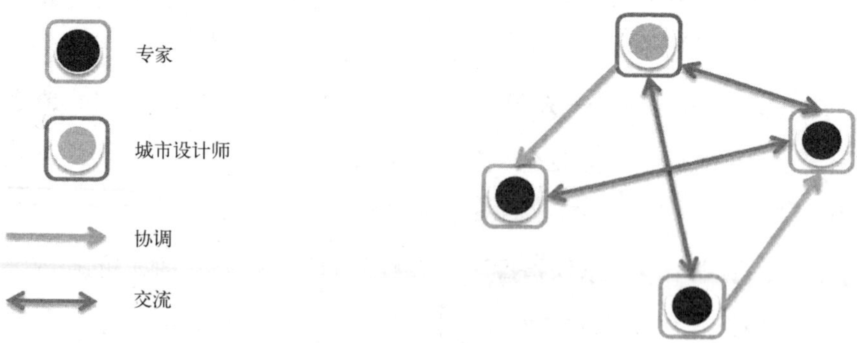

图 4.3　设计师作为合奏的一部分（达尼洛·帕拉佐绘制）

• 设计师作为专家团队的一部分，就像一个“**音乐合奏**”，不同演奏者之间的层次结构是隐秘的，但所有的人朝着目标共同努力。在一个像这样的跨学科关系中，设计师和其他专家共同参与界定项目(Palazzo，1993)。

## SWOT分析

SWOT分析是以帮助商业投资决策而开发的，已有超过五十年的历史。自20世纪80年代起，它已被用于支持公共管理和设计领域中的政策制定和决策。一些欧盟的项目要求使用SWOT分析来对计划和政策进行评估。该分析的目的是要明确，在具有限制因素和限制条件的情况下，研究区域所存在的机遇。设计师可以使用这种技术方法对设计场地进行描述和简明的分析。SWOT分析是为了突出关键问题和现存问题的联系。优势和劣势与研究区域自身的特点相关，其被解释为内部因素。机会和威胁能够应对研究区域的竞争环境(外部因素)(见图4.4)。

SWOT分析可以从前一阶段开发的分析和调查的结果中进行编制。SWOT分析将作为一种研究的合成方式，来强化设计师对场地的理解程度。设计师可以对一些典型问题进行SWOT分析，如专栏4.1所示。

城市设计能够突出优势，并提供建议，以减缓和适应劣势。SWOT分析可以在设计的不同阶段使用：事先确定场地的实际状况；在设计过程中，评估项目不同阶段的优势；完成施工后，评估目标完成情况。

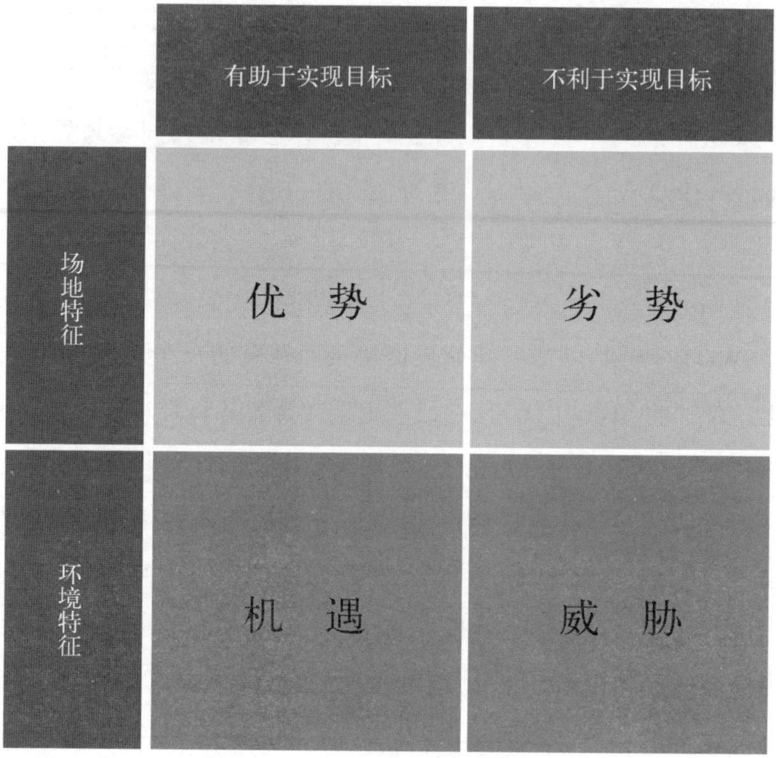


图4.4　优势—劣势—机遇—威胁（SWOT）策略（达尼洛·帕拉佐绘制）

**专栏4.1　进行SWOT优势分析的典型问题**

优势分析

在现状中，地区的内在优势是什么？

地区和周边地区的区别是什么？

有什么是组织得很好的？

有什么是正做得很好的？

具有哪些优势的特质？

现已具备的生态系统服务有哪些？

劣势分析

有什么能够被改进？

有什么是不好的或不协调的？

有什么是可以被避免的？

有什么内在的生态系统服务已被当前或过去的利用妥协？

机遇分析

有什么有趣的趋势和有利的可能性？

研究区域或更大区域在城市或地区的政府政策上有什么变化？

文化趋势和社会趋势有什么变化？

市场和当地活动有什么变化？

如何可以修复健康和生态？

有哪些生态系统服务可以被创造？

威胁分析

场地面对的障碍是什么？

场地最大的问题和周边区域的关系。

- 环境：污染、水质、绿地、城市供热、犯罪、社会知觉、城市景观。

- 土地或建设利用的冲突：区域内不受控制的发展。
- 城市化：有什么表明关于城市规划或者要被实施的政策对研究区域具有消极影响？
- 交通和通信基础设施：与城市的其他区域相连接；停车场地、人行道、自行车道、公共交通。
- 公共空间和基础设施：社会和文化设施、能安全行走和站立的场所、照明。
- 管理问题：缺乏图像或消极看法、规范性法规。
- 人口问题：人口收入、年龄结构、专业基础、员工队伍。

哪些自然现象（洪水、地震、飓风）对人类健康、安全或福利造成威胁？

SWOT分析也可以被应用到地理上的划定区域（场地的一部分或者一个比场地更大的区域）或者一组问题（例如交通运输、公共空间和社会知觉）。必要时，它也可以被应用到不同尺度的区域（场地、城市、地区）。SWOT分析可以由设计师安排，作为公共程序的一部分，或者寻求中立客观的专家意见。SWOT分析的实施一般可以分为四个阶段：

- 选择上下文（或问题）应用分析
- 识别优势、劣势机会和威胁
- 列表对结果进行分类：从最重要到最不重要
- 制作SWOT分析矩阵、图表或地图

虽然SWOT分析是灵活的、易于编制的，但是它可能会过于简单描述条款，其应被视为主观的、不科学的。在SWOT分析的编制中，建立明确的规则来确定要素是否为内源性或外源性是很重要的。在分析中，对设计师的项目假设进行预判也是至关重要的。为了克服主观性，或者将主观性降至最低，设计师可以阐述清楚所用的因素和因素的来源。

## 机遇与约束地图

机遇（或可能性）和约束（或限制）地图是一个用来总结所搜集到的信息的有用工具。约束通常是指限制未来的发展要素，例如道路的位置和公共交通，滋扰（如噪音或气味）的存在，现有的用途和历史建筑。这种地图可以被看作SWOT分析中劣势和威胁的形象化表现。机遇通常比设计超前，可以看作SWOT分析中优势和机遇的可视化表示。

该地图可以帮助指导诸如社区服务最合适的位置、建筑物或路径。这可以减少对环境的负面影响和开发成本。机遇和约束地图也可以用来作为一种交流工具，向客户展示什么应该做、什么不应该做（见第八章）。为了更有效率，建议用冷色调（从蓝绿色至蓝紫色，包括大部分灰色）来绘制约束地图，而用暖色调（从红色变为黄色，包括棕色和棕褐色）来绘制机遇地图。

**通常的约束条件如下所示：**

洪水泛滥

山崩

坡度大于一定角度的滑坡

地震活动区

塌陷区

湿地和濒危物种栖息地

文化敏感位置

优越的农业生产地

历史遗迹或街区地区

考古遗址或街区

被法律保护的，具有历史、文化、景观价值的建筑物或场所

道路拓宽或新建道路工程（当其对发展产生负面影响或制约时）

土地使用限制

环境恢复场地

生态网络或生态走廊（当它们被限制或向远处发展时）

自然和工业危险区

高收益地下设施区和具有强制法规的区域

**具有机遇的典型领域如下所示：**

土地所有权（公共或私人土地的可用性）

可达性

土地利用现状

服务设施（如医院、学校、博物馆）

邻近设施及兴趣点（机场、火车站、电影院、社区服务）

历史和环境兴趣点

标志性建筑

与周边城市或者兴趣点的联系(例如,环境恢复场地或生态网络和走廊)

建筑学领域被误用的建筑物,可翻新并赋予新功能

周边规划的项目,可以增加场地价值

约束和机遇可以用符号和颜色记录在地图上。这样的地图可以帮助城市设计师诠释场地和它的来龙去脉,并奠定后续的设计决策基础。

**伦敦里茅斯半岛的机遇和约束**

伦敦泰晤士河口为伦敦和英国的国民政府呈现出一个重点发展区域。它是2012年奥运会和残奥会的举办场地。伦敦泰晤士河口的边界在一个英国政府的文件中被界定,即《RPG9a泰晤士门户规划框架》(英国政府,1995)。该框架建立了一套原则,对经济和住房发展、交通和环境达成一致的战略目标和土地利用次区域的纲要。使用许多图画和地图,RPG(区域规划指南)界定了关键地区,并显示合作伙伴关系和再生性将怎样成为发展的关键层面(英国政府,1995)。

这种大面积的发展需要时间。直到2050年,伦敦泰晤士河口可能仍然是市长议程的一个关键因素(《新伦敦建筑》,2006)。在这个地区中,现有几个项目正在被实施,其中包括由SOM主持设计的项目,曾为开发商巴里摩尔设计过里茅斯半岛。

里茅斯半岛坐落在里尔河与泰晤士河交汇的地方,不仅具有独特的滨水环境,而且正对着千禧穹顶,紧邻繁华区域,故该地区具有重要的发展机遇。虽然该地区土地为多种所有制,但发展框架草案提出了一个半岛综合性再开发模式,会带来最大的再生效益,可造福于更广阔

的区域。

该半岛的视觉效果是基于具有混合用途的可持续发展原则。它建立在里茅斯再生框架上，这是由一个英国环境咨询公司的阿特金斯规划顾问提出的，用于指导未来的规划和里茅斯更大领域的发展。该框架是由一个较大规模的指导小组和主要投资方创建的。

SOM设计里茅斯半岛的目的是，在至较低山谷地区利亚谷入口处，对未得到充分利用的部分进行土地改造。该规划是一个17英亩(6.91公顷)的场地，位于千禧穹顶和格林尼治半岛的北泰晤士河的一个转弯处。该规划包括新的住房(3000套)、办公室、商店、咖啡馆、文化和教育设施，三至二十七层楼，还有由玛莎·施瓦兹设计的公共空间、停车场和开敞的亲水河岸。活动的核心区域将通过托马斯·希泽维克设计的由附近建筑物支撑起来的地标性步行通道拓展到河对岸。该项目将有助于在一些孤立和不恰当的码头居民间提供重要的连接。

在设计过程中，SOM分析得出一张代表约束条件地图和另一张关于机遇的地图，来显示与最终方案相关的要素。依据设计师的想法，主要的机遇是通过城市规划来创造一个有着开敞视线，能够连接场地和社区的新桥梁，创造出用相同语言创建两个不同身份的可能性(里茅斯北部和南部)，以及作为利亚谷和千年穹顶之间一个缺失的环节。主要的限制因素是缺乏与社区的连接性，由于洪水风险而退置，机场的飞行跑道及噪声污染(见图4.5、图4.6和图4.7)。

## 断　面

断面是一条穿过风景带的带状结构，包含了设计师为研究而记录

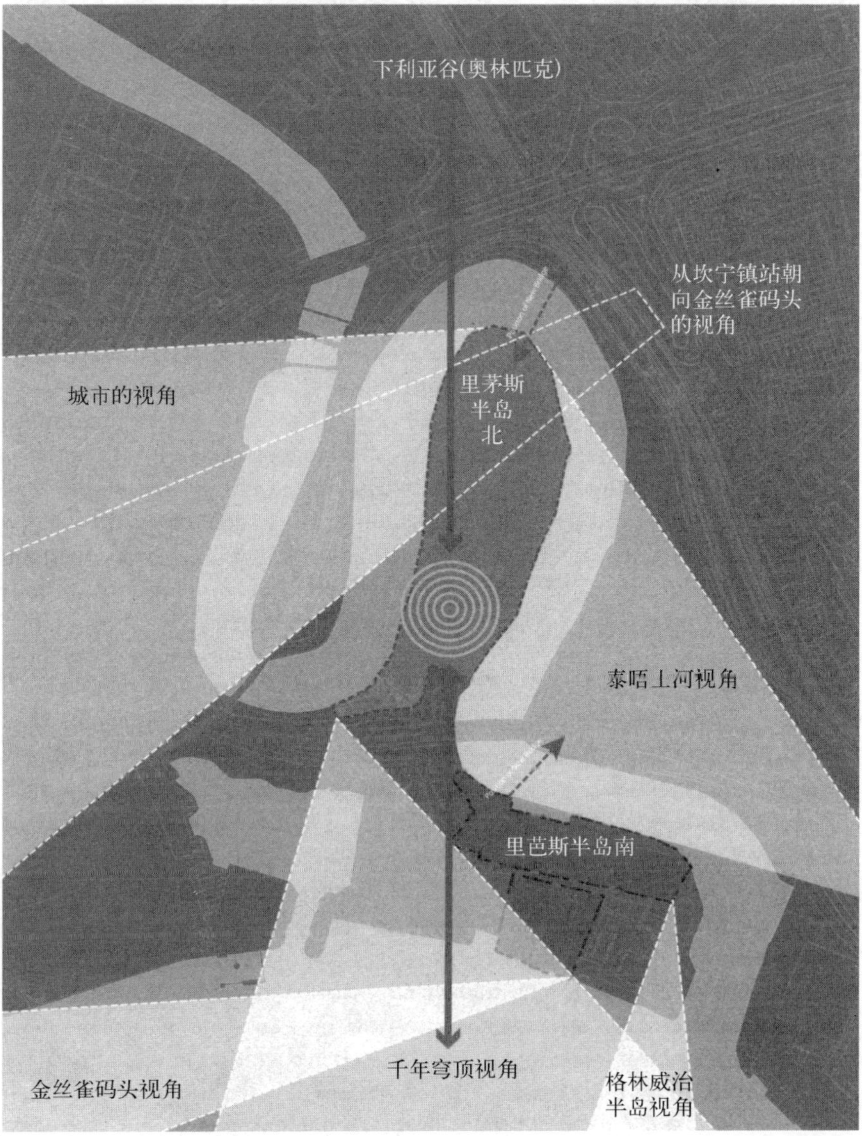


图4.5　伦敦里茅斯半岛机遇地图（SOM伦敦工作室）

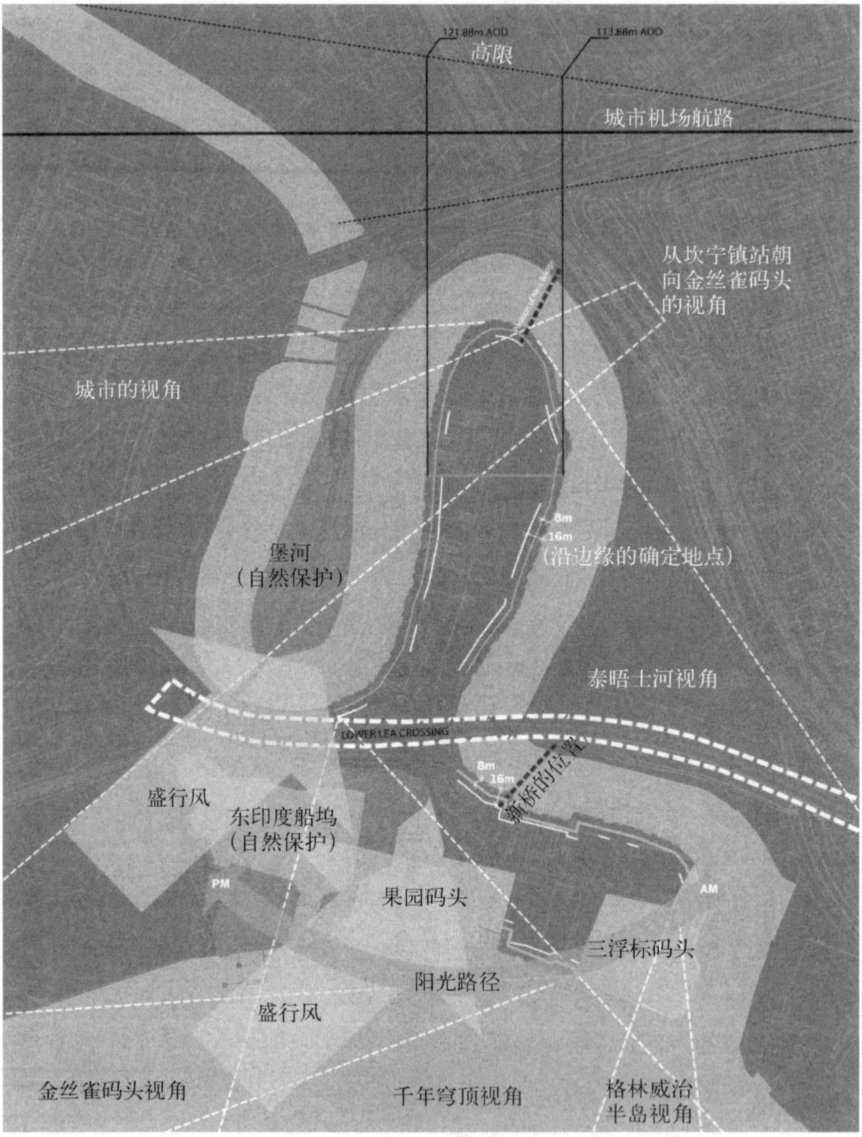


图4.6　伦敦里茅斯半岛约束条件地图(SOM伦敦工作室)

图4.7　伦敦里茅斯半岛总体规划图(SOM伦敦工作室)

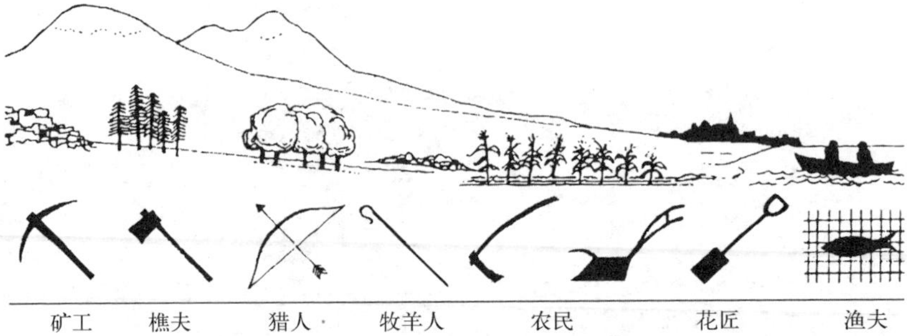


图4.8　19世纪格迪斯村断面图——从山脊到海岸线：第一个断面展示人类存在下的自然条件（断面应用研究中心，http：//www.transect.org/natural_img.html）

的相关现象，如基岩、植物、建筑。断面为这块地提供了一个横截面。帕特里克·格迪斯在20世纪初著名的1905格迪斯谷段首次提出在规划层面应用断面（见图4.8），“根据它们在山与海之间的位置来评估和描述每个地理区域”（Walters，2007：110）。许多规划师、城市设计和景观建筑师追随格迪斯的领导，包括伊恩·麦克哈格，他发现断面是一种用来展现和分析一个地方自然和文化因素特别的方法。例如，人们可以通过基岩联想到该地区的地形情况，反过来，也能得知它的植被和土地使用情况。最近，断面图在新城市主义建筑师安德烈斯·杜安尼和伊丽莎白·普莱特—齐伯克的带领下在设计规划实践中得到应用。

对于他们设计的布鲁克林大桥公园，迈克尔·瓦肯伯格建筑事务所使用了一个有效的部分来展示布鲁克林高地社区和东河之间的联系（Berrizbeitia，2009；见图4.9）。

这个断面阐释了吵闹的高速公路、有名的漫步道和一个新公园之间的联系，这为城市自然的休闲娱乐和联系创造了机会。

该综合断面信息来自不同的地区。设计师经常会绘制场地的很多

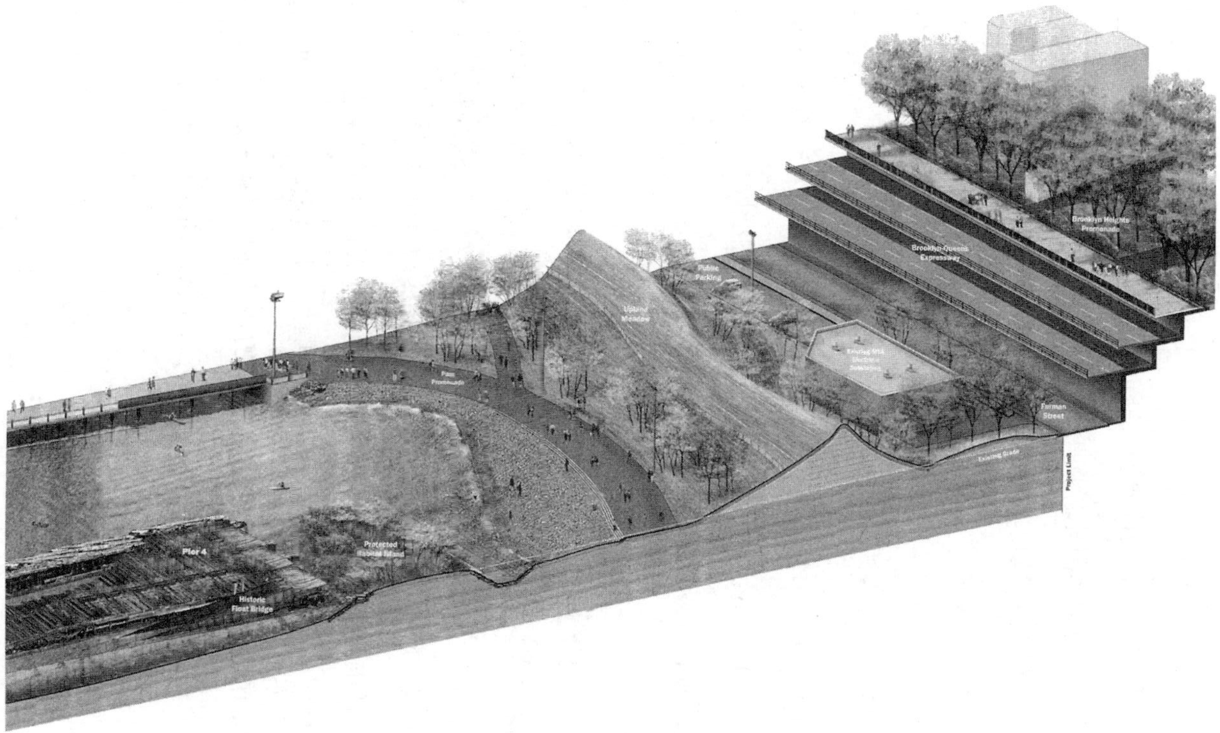


图4.9 纽约布鲁克林大桥公园断面图,2008(瓦肯伯格设计事务所)

断面图，比如，东西断面或南北断面。这能帮助分析场地特征，比如微气候，东西向和南北向的不同阴影。这些信息对于城市设计师决定理想的建筑高度和植物位置是很重要的。断面图还能帮助设计师更好地理解场地排水。基于重力引导水流向下，排水系统可以设计成运用自然的海拔优势，针对当前系统找出干预措施。断面图还可以解释基岩和地下空间利用情况之间的关系，这对于建筑的位置和层高有着重要意义。

## 轴测图分析

轴测图“展示了多层信息以及它们在空间上的相互联系”(Cantrell and Michaels，2010：134)。轴测图是由一系列规划图纸堆叠起来的。如此一来，建筑平面图可以展示不同空间及元素的关系，比如管道电力系统和外部条件。

举个例子，StossLU在南港站雨水公园运用了轴测图分析法。这是一个新景观基础设施，位于中国台湾台北市再开发地区的一个现存铁路站场(图4.10)。今后公园将作为一个高度开放的社区空间，具备社会及消遣功能，布局有活动场地，表面具有起伏交替的活动场地及植被种植。这个公园用来搜集、渗透，并在场地及邻近地区保证大量的季节性降水，以减轻一直困扰着台北的洪水问题。通过公园凹陷部分和场地下面大的储存槽来实现这个功能。公园的线性地貌及沿着林荫道设置的垂直交通，也能作为一个自行车使用人群重要的体验元素和台北城市重要标志。

这样的图纸有利于分析与交流。在交流方面，轴测图作为向客户和公众阐明和展示场地状况和由不同模糊元素组成的场地背景。在分析方面，景观成分的不同层次帮助城市设计师理解各个部分和它们

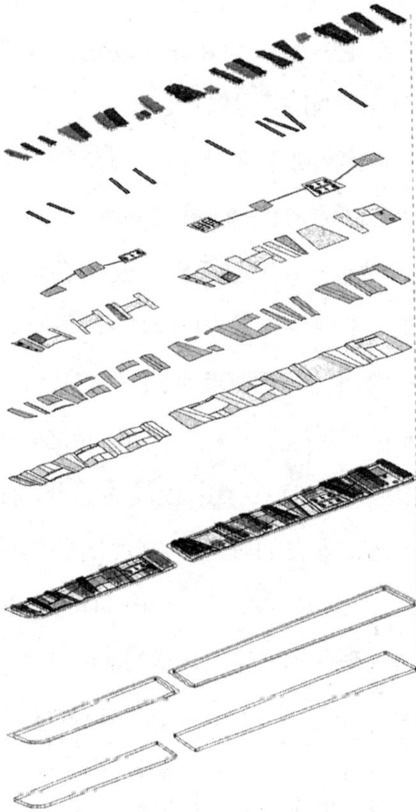


图4.10　中国台湾台北南港站雨水公园，2010（STOSS LU提供）

相互之间的关系。轴测图是一种有效的工具，可以组织调查中搜集的不同信息，展示现存部分之间的关系和评估未来转型对于这些部分的影响。

## 适宜性分析

适宜性分析是一种综合分析数据的有效方法。由于伊恩·麦克哈格（1969），这个方法在世界范围内有很大影响。麦克哈格建议设计要结合分析场地各个部分在生态系统和建设中扮演的角色，而不是违背自然，以保障没有广泛负面影响的可持续发展。

原始方法包括用硫酸纸绘制测绘图，用于清点每一个元素，在这里，“社会价值”被分为三个不同的灰色调（最浅的颜色代表最适合的地区，根据每个考虑的因素）。然后，多张图纸叠加放在拷贝台上。通过审议确定最终的结果：“一张一张硫酸纸叠加起来……像有暗部和亮部的X射线照片一样。因此在增加的不透明区域中总有较浅的部分，我们能看到结论……越暗的部分需要越多的社会支出，反之，则需要越少的社会支出。”（McHarg，1969：35，40）在图中较浅的部分，展示了区域的有利因素，构成了对于土地最适宜的使用。物理图层的叠加最终被GIS取代，而且这个方法在当今世界有着广泛应用（Treu，2004）。生态学分析继续为城市设计师提供理论和方法（Ken Yeang，1995，2006；Charles Waldheim，2006；Richard Weller，2009；Mohsen Mostafavi，2010）。

## 地理信息系统技术

除了实体模型，电脑技术也可以用来分析场地特征。结合土地数据，特别是规划和管理土地中，运用GIS软件存储、恢复、测绘及分析地理信息数据。一个特殊区域的空间特征被存储在一个协调系统中。空间特征结合描述被整理在表格中，而后数据和该系统属性会在测绘分析图中分层显示。

GIS不同于CAD和其他电脑图像应用软件，在GIS里所有的数据都和土地的地理信息相关。来自不同地方的数据可以在一个普遍的数据库基础上整合。

另一个GIS数据分析的特性是拓扑结构，用来确认空间中不同元素之间的关系。GIS空间数据的基础组成是弧线和多边形。应用GIS拓扑结构，可以演绎分析过程。比如，通过结合邻近具有相似地理特征的多边形，连接网络中的线来模拟水流。

GIS技术可能被用在城市设计的很多阶段，从分析到设计再到交流。巴蒂和他的同事（1998）提供了一个方案，连接了数据表达和城市设计进程。在此背后的理性假设，城市设计的任务“涉及一个很广泛的问题，从社会经济到行为功能，再到美学和环境结构，这些都是由设计师完成和控制的，这些都可以由GIS完成”（Batty et al.，1998：8）。GIS帮助连接数据和分析它们之间的关系。结合不同的城市空间特征和设计场地的特征，可以成为多层分析和制作专项图的开始。在GIS里储存的数据可以被调用。适宜性分析可以得益于GIS的应用。对自然特征的结合，如坡度、地形地貌、风险区域、受威胁的自然区域和栖息地，这些数据可以成为影响设计机遇的限制性因素。

虽然GIS技术在城市、景观、区域规划中得到广泛应用，但是在一些文献中提及了一些例子以及在城市中的实验性使用情况。“多中心评价”阐述了GIS的应用，旨在结合测绘不同城市的中心区，来理解它们成为公共空间，吸引人群和注入新功能的潜力（Porta，Latora and Crucitti，2006）。费舍尔—格沃茨曼等人（Fisher-Gewirtzman et al.，2005）展示了一个“空间开敞指标”模型，这展示了依据三维空间信息得到的可用潜在空间数量。这个模型能够模拟景观得到一个更加真实的评价。

GIS技术也可用于伴随时间的推移来比较城市更新设计的情况，以解释城市形态和组织形态及演进过程（Oliveira and Pinho，2006）。“公制推力模型”（Mohamed Salheen and Leslie Forsyth，2001）则用于利用交通规划文献来预测行人的行为。以GIS为基础的可视化分析被运用到新加坡不同的城市肌理中来测算城市可见性（Yang，Putra and Chaerani，2007）。GIS还能用于促进公众参与以及增加社区对于设计和社区关系复兴的理解和参与（Al-Kodmany，2000）。

## 空间和设计任务的认识

在这个过程中的特殊时刻，设计师可能会觉得有必要更宏观地认识和熟悉该项目的空间。尺度比较和实体模型可以帮助加深对空间和设计任务的认识。

### 尺度比较

尺度比较有助于设计人员通过与其他已知场地的比较来了解目标场地的大小。这常用在设计和交流活动中。在设计阶段，规模尺度的比较可以帮助设计人员熟悉场地，特别是当场地情况不明，或是无法现场踏查或无法直接接触时，通常是在国际竞标中。在前期讨论阶段，尺度比较对于促进空间思维特别有用，对于一般人来讲，它不是特别广泛的应用，也是最难掌握的技巧（见第八章）。

许多技术可以被用来生成尺度比较。其中一个特别适合于教学环境，或当区域不是很大时，通过比较与该场地在同一尺度（或其部分）的已知空间的形状来理解本场地的尺寸。例如，可以使用官方足球场的大小（344英尺×223英尺或105米×68米，1.763英亩或0.714公顷），或官方橄榄球场的大小（120码×53码或109米×48米，1.292英亩或0.523公顷），甚至是一个众所周知的公共广场或城市公园。要知道，一个占地面积10英亩（4.05公顷）的场地可以包含近六个足球场或八个橄榄球场。这可以为设计师和那些参加公开汇报展示的人提供有效的参考。此外，

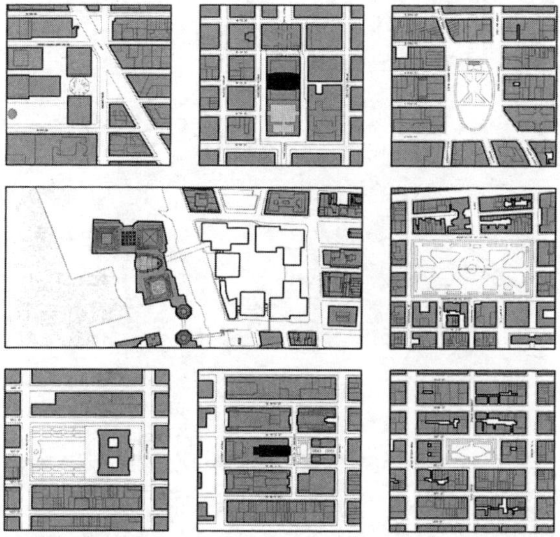

图4.11　世贸中心的域(中)与七个在纽约受欢迎的同规模场所的比较(引自《纽约新视觉》,2002b)

这种空间的方法避免或至少可以减小设计之初的尺度误差。一个区域可能塞得太满或太空旷了。

另一种尺度比较的方式，是将已知的城市空间与设计场地空间并置。例如，《纽约新视觉》(2002A) 比较了16英亩 (6.5公顷) 的世贸和一些熟悉的空间，包括大中央车站、洛克菲勒中心、布莱恩特公园和格拉姆西公园 (见图4.11)。此外，在上面的例子中，该场地的大小是近四个半米兰大教堂广场，或几乎是纽约市中央公园 (843英亩或341.4公顷) 的八分之一。

雷克雅未克南部瓦腾斯梅里机场区域，占地370.5英亩 (150公顷)，试图利用2007年的国际竞赛方案实现场地转型和发展提升 (见第二章)。通过该场地与已知部分城市的比较，获得了研究区域空间性的分配 (见图4.12)。

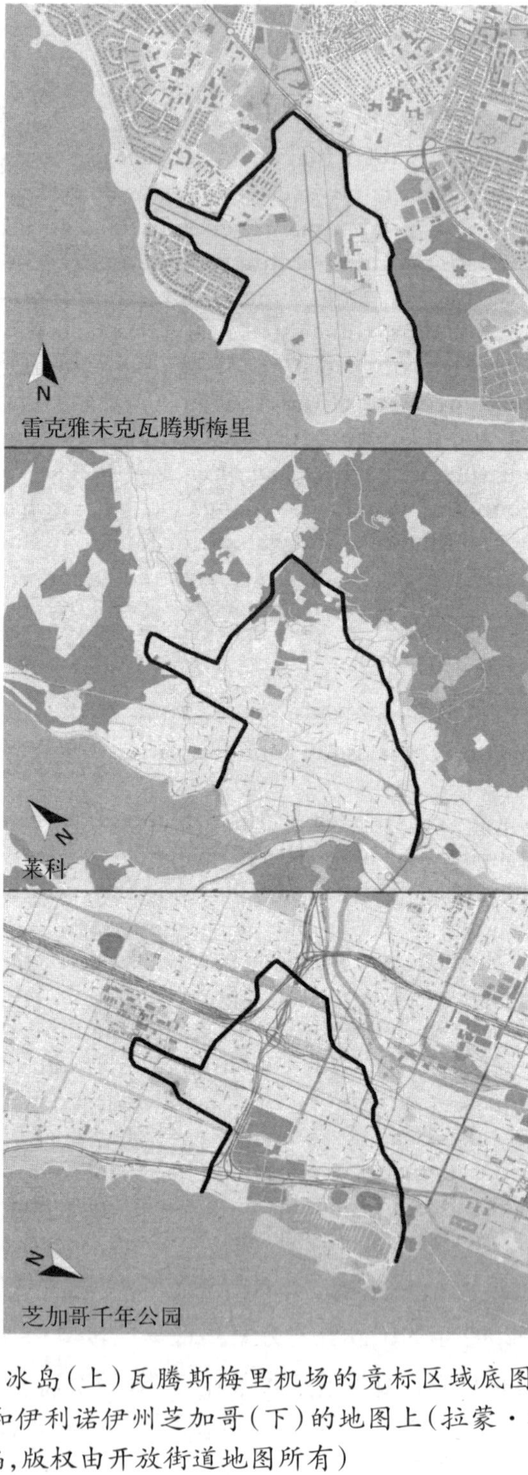


图4.12　冰岛（上）瓦腾斯梅里机场的竞标区域底图，叠置于意大利莱科（中）和伊利诺伊州芝加哥（下）的地图上（拉蒙·布斯基于开放街道地图改编，版权由开放街道地图所有）

在其他情况下，设计师可能会发现，该场地几乎是在另一个已经真正形成规模的地方的真实再现。值得注意的是，在米兰，在竞赛过程中对于米兰博览会（最终由丹尼尔·里伯斯金、扎哈·哈迪德、矶崎新和皮埃尔·保罗·马奇奥拉组成的队获得），即封闭改造63.01英亩（25.5公顷）的区域和另一个附近被称为塞利街区的区域之间有很强的相似性。这个街区主要由20世纪30年代末和40年代初之间所建的社会住房组成。该区域类似于米兰博览会的形状和尺寸，但不是在方向上。两者都是接近常规的正方形，每边约1640至1804英尺（500至550米）（见图4.13）。这个“发现”使得设计师熟悉研究区域的尺寸和将现行房屋密度与设想的米兰博览会场区域相比较。比较使模拟可行，通过创建或实拍的图像，不同的建筑物高度的影响，道路宽度的变化，以及外

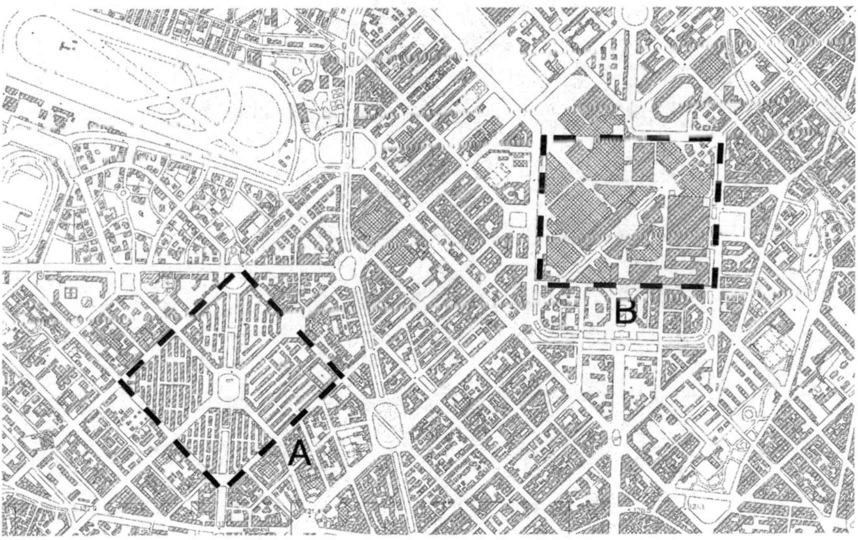


图4.13　塞利街区（A）和米兰博览会现场（B）之间的比较（拉蒙·布斯绘制）

墙、人行道和步行距离之间关系的影响。在交流阶段，规模比较可以从单一的建筑物延长至由整个规划产生的空间关系。

**实体模型**

在整个过程中，设计人员可以使用场地及其周边的实体模型。实体模型在公众对话中是一个有用的交流工具。

在初步设计阶段，城市脉络的比例模型可以发挥重要作用。都市区主要组成部分（道路、公共空间、绿化面积、建筑容积）的再现有助于说明规划的前后关系。与航拍照片或者鸟瞰图相比，实体三维模型具有简洁且综合的特点（见图4.14）。

一个模型可以适应不同的设计试验。在最后的交流阶段和预算申请上，一个模型可用较大幅度的材料建造，甚至不同的工艺——从计算机控制的激光打印机（见图4.15），到完全手工制作（见图4.16）。使用模型的目的是提供一个可以清晰直观展示方案的视角，甚至那些没有设计背景的。模型需要使用最适合场地面积尺度的材料和工艺去建造。该模型制造商应考虑设计的任务和设计师心目中的理念，并给模拟流程和行为实验提供空间。

**在罗马尼亚蒂米什瓦拉国际研讨会的快速模型**

2005年在莱切举行的一次国际研讨会中，为罗马尼亚的城市蒂米什瓦拉（Tadi，2007）使用了快速模型。由来自米兰理工大学的教授与伦敦和旧金山的SOM办事处，以及巴黎阳狮集团（一家从事于火车站、移动系统、城市规划、建筑的法国公司）的城市设计师组成跨国团队。与会者不得不重新定义城市的北部和东部铁路站之间区域的功能和布局。“因此，研讨会主题涉及的［问题］是重绘城市的一个重要地段……为光明的未来提出一个城市形象和新的生活方

a b c

图4.14　模型构建阶段，城市工作室对意大利米兰的核心部分重新鉴定：a建筑造型，b底图，c模型（达尼洛·帕拉佐提供）

图4.15　快速3D打印机制作的模型

式，并在本地和全球范围内同时起作用。”（Tadi，2007：40）我们的目标是要拿出有说服力和现实的方案，以城市和建筑项目的形式，它能突显潜力，并为设计场地本身和整个蒂米什瓦拉市选择长远规划战略。

图4.16　学生们正在制作一个硬纸板快速模型（达尼洛·帕拉佐提供）

在为期两周的研讨会期间，制作了多个模型。迅速制作模型的目的，是帮助设计人员理解场地和在整合阶段周围的工地和街区之间的关系。该模型被用来作为最初设计思想的基础。制作了一个1∶1000比例的模型（约16英尺×7英尺或5米×2米）。底图是将一张一张航空

图4.17　蒂米什瓦拉(罗马尼亚)工作室模型(马西莫·塔迪提供)

照片印在纸上(见图4.17)，粘在作为支撑的刚性纸上，再贴合透明玻璃纸以帮助保护并保持航空照片清晰。在这个分层基础上，现有的和拟建的建筑物，用泡沫聚氨酯体块来模拟并被粘贴，示意在整合阶段城市规模的扩大。研讨会结束后，最终的物理模型，其中包括城市和建筑艺术设计的一些细节，被送往蒂米什瓦拉。

## 案例研究

案例研究在设计中是很普遍的方法（Francis，2001）。通过案例研究了解潜力、风险以及需要考虑的注意事项（Yin，2003，2009）。乔恩·朗（2005：xxiii）认为：

> 案例研究代表的是许多领域人类奋斗积累的历史……在做设计时，我们在很大程度上依赖于通过个案研究累积而被转化为规范性的理论或范式设计的知识……我们的设计师所说的“案例研究”，往往是对特定设计的几何特质的描述性语句。该方案被带进存在（如果它们已经存在）的方式、动态塑造它们的政治推力、它们的成本和融资方式，甚至它们的运作方式，均属于这样的研究领域之外。如果做得彻底，案例研究可以提供用于实现特定设计目的的过程和方法的经验借鉴。

马克·弗朗西斯确定了案例研究的关键维度（见专栏4.2），并为它们建议了框架（见专栏4.3）。

建筑、城市设计、景观设计、规划能受益于过去几个世纪实施的项目和那些我们同时代的项目中积累的智慧。建立在弗朗西斯的模型上（2001），风景园林基金会赞助了一系列与城市设计相关的案例分析书籍。在加利福尼亚州，弗朗西斯自己发表了关于城市开放空间（2003）和乡村住宅社区的案例研究（2003b）。同时，杰克·埃亨和他的同事发表了关于生物多样性的设计和规划案例研究（Ahern，Leduc and York，2007）；以及杰弗里和他的同事关于绿色城市（Hou，Johnson and Lawson，2009），克里斯塔·施耐德关于环境敏感的公路设计的案例研究(2003)。

城市设计规划和实施的不同例子在不同的专业期刊都有被报道。阅读这些刊物，跟随从最初的草图到每一个技术细节解释的设计进程是可能的。通过专注于建筑师、城市设计师和城市规划师的专业论文和重要的贡献，我们可以了解我们想知道的作者、项目以及设计的背景。不同专题的主流书籍，如城市公园、住宅小区、广场、公共空间和体育设施，可以为设计师提出各种各样曾经出现的问题和解决方案。互联网已显著扩大本已巨大的信息量。

由设计师自己设计的项目需要添加到这几乎是无止境的信息范围里。在一家大公司，很多情况下这些信息都是可以获得的。除了大型企业、公共广场、区、街道、公园，由众多匿名的园林设计师设计的园林并不亚于任何知名建筑师的项目。

**专栏4.2　案例研究的关键维度**

基准信息/环境——列出位置、大小、客户端、顾问、密度和土地利用类型。

关键参与者的角色——城市设计师和其他专业人员扮演什么角色？客户？用户？什么是团队的本质？谁领导团队？他们在项目开始阶段的角色是什么？在项目进行的过程中这是如何改变的？

财务——列出最初预算和最后成本，什么原因导致两者不同？

过程——什么是政治进程？什么是决策过程？什么是设计过程？什么是实施过程？谁影响了项目的决策和成果？项目是如何走到一起的？

对问题反应的定义——该项目试图解决什么问题？它解决了吗？如果解决了，是如何解决的？如果没有，为什么没有？其他问题解决了吗？

目标——有哪些主要目标（政治、生态、美学）？它们是如何设定的？谁设定了它们？这些目标在项目进行过程中改变了吗？如果改变了，是如何改变的？

程序——这项程序是如何开发的？谁开发的？它在项目进行过程中被修改了吗？

设计——有哪些主要的设计理念？什么是灵感的形式？设计师如何将理念转换为形式？

实地考察（一次或多次）——基址是什么样子的？它的可行性如何？它给人的感觉是什么？

使用——如何使用场地？谁使用？谁不使用？

维护与管理——维护与管理的问题有哪些？维护的代价是什么？空间管理器是如何感知项目的？

感知和意义——描述场地是如何被感知和评价的。

规模——项目的规模有多大？关键要素的尺寸如何？基址覆盖面和不透水面层的总和如何？

时间——随着时间推移基址的状况如何？随着时间递增项目进展如何？

特殊约束——如何在项目进展过程中解决约束？

社区——社区如何在项目中发挥作用？其社会效应是什么？有什么意义？

环境敏感性和影响——环境在项目中发挥的作用如何？其对可持续发展所做的贡献如何？

对职业的影响——职业在项目中所起的作用如何？项目对专业知识基础的贡献如何？

基础设施——基址的潜在挑战是什么？技术的约束是什么？

吸取的经验教训——与普遍的经验教训相比，描述特定场域的经验教训。

理论基础——项目为何而做？它试图解答什么样的问题（一个或多个）？它试图解决什么问题（或疑问）？

外界的评论——包括评审团、专家、用户、审查委员会和记者的评论。是否已经有与该项目有关的争议？如果有，它得到解决了吗？如何得到解决的？

资料来源：改编自 Francis，2001：2

目前的挑战是，如何从这些庞大的可能案例中选择与手头上的设计最相关的案例。一种可能的策略是，基于包含以下条目的标准清单去选择案例：

- **相似**。功能、尺寸、气候、文化遗址的特点，预算与案例研究的能力应与城市设计项目有相似之处。

• **文档的可用性**。可用信息应不仅仅局限于简短的介绍和潮流杂志的照片。例如，设计人员的报告，初始成本，以及能使它们得到实现并对合作伙伴的角色有帮助的条件。

• **直接认知和/或参观考察先例的机会**。为实现项目，采用实地考察的方法是值得的：拍照、素描、与人交流、观察和记录。

• **设计师报表**。有时，期刊或专题著作的论文包含有关作者项目的思考，例如，关于尊重先决条件，作者做了什么，避免做了什么以及为何，或者在项目完成后作的评价。

• **游客的声明**。在城市设计中，最重要的意见来自使用它的人们。一些分析方法，例如凯文·林奇的心理地图或行为的分析，可以应用到现有的城市设计，从居民和用户的角度去了解项目的运作。

• **项目的评论文献**。在某些情况下，有可能找到关于项目的评论以及它是如何确立的（或者没有，以及为何）。

### 专栏4.3　案例研究的建议格式

| **摘要/简介** | **完整的案例研究** |
| --- | --- |
| 照片 | 项目名称 |
| 项目背景 | 位置 |
| 项目的意义与影响 | 设计/计划日期 |
| 经验教训 | 建设完成 |
| 交流 | 成本 |
| 关键词 | 尺度 |

城市设计师
客户
顾问
由谁管理
项目的背景和历史
项目的特征
设计、发展和决策程序
城市设计师的角色
计划要素
维护和管理
照片
现场设备与规模
用户/使用分析
同行评审
评论
项目的意义和独特性
限制
一般特征和教训
今后的问题/计划
关联的项目参考
网站/链接
更多的信息

**深度分析**

档案研究（例如，项目记录、报刊文章、照片、咨询图和通信）
关于项目的特殊认证和奖励
项目文章和报告的复印件
与客户交流
与经理和维护人员交流
与使用者交流
对场地长时间的调查

资料来源：改编自Francis，2001：21

在《城市设计》中，乔恩·朗（2005）为50个案例配备了不同的类型，类型的分类采用了三种范畴：

第一，根据它们产生和建立的过程，他使用了例如“整体城市设计”的范畴，在此范畴中一个团队能控制全过程，使用“插入式城市设计”，这种范畴中，基础设施元素被用作催化剂促进发展。第二，根据产品的种类（新市镇、城市街区、基础设施元素，以及诸如古迹的单项产品）。第三，根据城市设计范例（例如，城市美化、理性主义城市、花园城市、新都市主义、景观都市主义、城市商业实用主义），在这些范围内设计。

朗补充说，设计人员需要研究每个案例和考虑政治、市场、法律和它们发生的社会背景。

案例研究学习是一个学科实践，需要城市设计与其他领域共享，无论是重叠的（建筑、风景园林、城市设计）还是遥远的（医药、法律、商业）（Francis，2001；Yin，2003）。作为一种教学工具，它对选择城市设计范围之内的案例及分析它的组成成分是有用的：谁推动了项目和谁委托设计，花了多少钱，谁设计的，有多少时间是参与其过程中的，什么是实施过程中的挑战，它的工作原理，它生成的价值，对最初设计的修改，谁使用了它，以及如何和何时使用它（见专栏4.2）。学习过去的案例，包括更多模糊的项目，有助于增强设计意识。

有时候，选择有缺陷的先例，或者选择因失败而著名的案例，甚至是有好处的，不仅仅是积极的例子能帮助设计。为什么有些项目不会产生它们试图完成的“城市性”？为什么公共场所被居民所拒绝？是否有规划未能产生其预期的经济价值？如果是，为什么？

文献提供了大城市设计失败的案例。例如，罗伯特·萨利巴（1997）分析了威尔士贵族在黎巴嫩的城市设计案例。任务的目标是解决“重新连接城市”的战后问题，利用社区参与、新理性的城市化过程和以过程为导向的城市设计，它结束了在黎巴嫩战后背景下不再适用的自上而下的企业规划和附庸关系。肯尼斯·科尔森的《大规划》(2003)，以及彼得·霍尔的《明日城市》(2002)，还有《大规划灾害》(1982) 都叙述了很多城市和大都市规划失败的案例。在《城市设计》(2005) 中，朗也呈现了真正的城市设计失败的案例。

## 诊　断

在整合阶段基本完成后，设计师决定如何继续进行设计。信息的合成基本上有两个诱因：第一是设计诊断，第二是交流。

首先需要符合该项目的先决条件和客户的需求。总结搜集到的信息提出了一个严格的任务，需要确定什么是重要的和相关的后续设计步骤。第二个动因是与社会及客户的关系。由于术语和时间上的原因，很难正确地向客户和公众展示整个详细的过程分析，特别是广泛和艰苦的过程。经过诊断，总结诊断过程中的元素，也能更有效地阐述展示，以及与受影响的人群更容易地交流。

"诊断"一词采用于医疗领域，在这里是指基于所述场地和任务的特征现象的检查。检查可以直接在现场内或通过实验室研究来完成。我们的目标是了解场地，为了完善它，改造它，改善它，或者保护它。

实体模型和地理信息技术可以用于合成信息，应用于诊断。专用软件可用于从深度原因分析数据。例如：搜集到的车辆交通数据，无论多广泛，也不足以得出诊断。有必要建立一个模型去阐述车流。它们的出发地和目的地，交通组成和交通堵塞的位置。熟悉这些模拟可以使设计人员更深入地了解从哪里开始，例如，提出修改道路，改善行人过街处及回旋处或十字路口。

软件应用程序可以处理或模拟太阳的亮度或“反照率”，通过特定的铺面或由现有的或设计的建筑物所产生的阴影生成。软件可以显示哪些领域或多或少受到噪声污染，并应在设计过程中加以考虑。甚至有些软件可以模拟城市地区公共空间人群的行为，以及稠密城市区域人们的行为和移动模式（亚利桑那州立大学，2007）。

通常情况下，诊断以一个场地分析地图或图表形式被总结。一个场地分析地图可以建成一个机遇和制约地图，但是也需要进一步诊断需要干预的现象。有时，一个图表可能比地图更好地总结诊断。

在布鲁克林大桥公园的设计中，迈克尔·瓦肯伯格建筑事务所结合地图和图表来总结他们的现场诊断（Berrizbeitia，2009）。他们说明了一些因素，例如可达性、风、噪声和太阳方位。

迈克尔·瓦肯伯格建筑事务所的现场诊断发现了一些有用的因素。例如，布鲁克林河滨基址的负重能力不同，需要不同程度的投资来增加额外的负重能力。这有助于直接的使用远离最昂贵的地区。此外，设计师分析了从布鲁克林高地长廊欣赏曼哈顿美景应事先如何得到保护，以及哪里是场地内噪音最大的位置。

## 小　结

城市设计涉及把有关地方相当多的信息搜集到一起，如第三章（认知）讨论的。SWOT分析、机遇和制约因素图、断面、轴测图和适用性分析五种工具，可以在这些信息的整合中提供帮助。设计需要空间意识，这涉及对规模的理解。实体模型和GIS技术帮助设计师综合有关场地的复杂信息。这样一来，城市设计类似于生态学：二者都是连接信息和理解并解释它们的关系。分析、模型和GIS地图使设计者能对场地进行诊断。这个诊断的目的是要了解场地，以便将它改造成对人、其他物种和环境有利的地方。

除了从场地上学习，城市设计师还使用案例研究从先例中学习。我们越多地知道场地中什么在起作用和什么没有起作用，我们就越能利用过去的经验。在研究领域的信息经过整合后，城市设计师已准备好进入接下来的对话交流。

# 第五章
# 选择决策

在设计过程的这一点上，城市设计师可以较大的精准度规定项目的目标和策略，因此能得出研究场地最初的方案草图。这样一个概念性方案被视为可能性未来的草图。设计师与客户交流，从这些可能性中选择一个或创造一个新选择。在这个阶段，设计师必须鉴定这些选择的优点和偏好。关于背景环境的分析和由整合中得出的假想和结果，以及结论所产生的影响必须被考虑。设计师深化的选择应该建立在能与客户交流的清晰的理由上，以便这些选择易被改进、加强或舍弃。

由设计师确定的目标考虑了客户的需求、场地先决条件和环境特质。为了更好地理解，我们可以和一般建筑设计程序作对比。在一个假定但常规的情境中，客户对一个房子的设计制定了一些要求：

- 其具体用途（如，度假房屋）

- 内在的品质（每一个家庭成员会使用的不同的空间）
- 任何特别的要求（如，一个大厨房、图书室或一个游泳池）

**先决条件**取决于以下几方面：

- 场地的自然条件（如土壤的地理特质、水流、乡土植物、本土生物、生态学）
- 场地的历史
- 与周围建筑、城市环境、景观的对比
- 转化当前用途以适应未来变化的能力

设计的约束条件源于现存的法规，例如建筑法则、官方的政策，或是一个限定覆盖比率、最大高度、与其他建筑距离的地区性导则。记住客户的要求、先决条件和限制条件，设计师创建了**目标**，提出达到它们的策略，并选择能够和设计团队或顾客一致的优先选项。从这些条件出发，设计师应该能够建立如何根据地理区位或是景观视野来调整要求的建筑来获得阳光直射。如果达到当地法规允许的最大限度是有利的，设计师会对高度和表面覆盖作决定。设计师会精选有效的技术来减少能源的消耗，即便这意味着降低易碎地表的延展。设计师也会提供关于能源生产的意见，例如利用风能和太阳能来产生能量或加热水，通过挑选加热泵，充分利用地表水和空气的温度差，或者考虑通过绿化屋顶来隔离和吸收雨水。设计师会将选择好的系统（某模块、太阳能集热器、加热器）和规划结合起来，因此，设计师会创建和先决条件一致的设计条件。

在常见的情况下，城市设计师会结合掌握的认知来搜集一个场地的要求和需求，来生成一个城市规划最初的草图。

## 作出选择的工具

为了清晰地呈现选择，设计师想出口头表达、手写和图信息、设计大纲的结合，这些经常会被专业术语描述为**“队友项目”**(meta project)和**“一草”**(preliminary design)。“队友项目”是一个组合术语，意思是“工程中的重点”，描述了内容、目标和可供被采纳的策略，以实现一个明确组合的设计目标。换句话说，“一草”就像是一部电影和一部小说的情节，它描述了事件粗略的模式和它们之间会被用来写成整个作品的关系。

在某些情况下，“一草”是一个有效的术语。但是在这一阶段它并没有充分传达出选择的概略品质。**概念**这个词更好地传达出这个粗略阶段。一个概念可解读为一个观点或意见。一个概念性方案可以预测最终的计划和包含草稿的内容。它有助于定义关于创造和评价选择的基本原则，伯纳德·卢本和他的同事对“概念”一词作了最好的描述：

> 设计师们(基于他们的考虑、结论和观点)必须诠释任务，协调相对重要的多样要求和期望。**“诠释”**这一行为是从事一个设计最初的一步。接着，设计师对任务的观点诱发了**概念**。概念不需要解释规划采纳的形式。
>
> 最重要的是，它阐明了一个设计基础的观点和为设计选择提供方向，组织设计和排除变化……因此，生成概念是进行设计的第

一步。(1997：13,16)

一个概念采取多种形式。粗略的目标和视角帮助定义一个概念。

## 总目标列表

为了得到一个概念方案，设计师需要确定一个目标，更好的是一系列目标。“在通常的情况下，一个目标是一个描述期盼未来情况的申明。”(Anderson，Klein and Meck，2007，引自 Steiner and Butler，2007：4)目标通常依据目的（可测量的成果）、政策（去实现目标的方式）和计划或者行为（工程的体系或者介入去实现设计目标、目的和政策的干预）（见专栏5.1）来定义。

“**目的**”跟随着规划，以可测量的结果来呈现。除特殊的工程目标外，考虑更多普遍的和常见的目标，并通过从城市规划文献中获取的操作范围来帮助设计师解决工程，也许是有用的。

《一个关于公共空间的项目》(*A Project for Public Places*)（PPS）是一本关于城镇公共空间管理的手册，提供了可供思考的四种类型，可以根据以下被延展为更加整体的城市设计项目，并被拓展来囊括其他部分，由PPS提议的四种类型是舒适、可达性、活力和信息。

- **舒适**从便利设施获得，例如一个可供坐的位置、对阳光的遮挡和愉悦等待公交的位置。
- **可达性**是靠营造易被行人和车辆使用的空间来创造。
- **活力**是在规划中通过利用咖啡店、自动售卖机和其他街道适应性活动来加强。

- **意象**是一个场地的品质，源于场地变化的，能够吸引人的外表。

**专栏5.1　南佛罗里达大学（USF）综合总规划中关于校园规划元素目标的宗旨和政策概述**

**目标**：受一个联合的建筑框架体系限制，佛罗里达州南部大学综合校园核心规划更新会建立一个关于校园开放空间联合一致的次序。

**宗旨3.1**：根据《USF综合十年资产改良计划》确定的，确定建筑方案的位置，也包括确认其他学术项目，是为了界定：(1) 校园的核心；(2) 校园的象征；(3) 校园的入口、外围交通循环系统和停车；(4) 人行循环的网络；(5) 一个有等级的校园空间，以连续的校园边缘结束。

**政策3.1.1**　USF会给定位其他建筑提供优先权，由《USF综合十年资产改良计划》确定，其他相近的由USF确定学术工程。这些定位点会给中心湖、人行道和道路、森林草坪和校园内的公园提供空间上的界定。

**政策3.1.2**　建造与《15.0建筑规划导则元素》限定标准一致的校园学术建筑，来给开放空间提供界定并保护陆地自然资源。

**政策3.1.3**　USF创建陆地使用和规划检阅设计程序，其建立是为了检阅，确保遵从了主要的规划目标、目的和与《15.0建筑规划导则元素》一致的政策。

**政策3.1.4**　USF会鉴别履行城市的水陆地或街道的规划

标准的地方是否适合的，与在《12.0跨政府协调元素》中描述的USF居住区环境中校园设计的特征。

**政策3.1.5** 关于发展建筑、设施和开场空间的优先权应该与《14.0资产改良元素》中罗列和建立的原则一致。

**政策3.1.6** 在所有的建筑设计中，在校园设计和建筑指导导则的内容里，USF应该寻求去控制建筑的质量和高度，为了维护现有的品质、现存景观的展现和拯救现存校园土地的未来发展潜能。

**政策3.1.7** USF应该利用为了审查和确保土地利用遵守目标、宗旨及与USF综合总规划一致的政策，建立USF系统性校园发展委员会。规划审查应该继续由校长、副校长和执行副校长来执行。

**宗旨3.2** 建立一个包括中心湖、人行道和路、开敞的草坪和公园及自然森林领域在内的等级性校园开放空间。

**政策3.2.1** USF应根据十年计划，放置城市建筑，所以它们的集结对定义城市公共空间有帮助。建筑的外立面和入口利于公众的使用。机械的或服务的区域应与公共入口分离并且远离公共空间。

**政策3.2.2** USF应该利用未来建筑和"宗旨3.2"和"4.0未来土地使用元素"中所描述的附加条件来形成连续的一系列公众开放空间。

**政策3.2.3** USF应该建立一个等级性校园开放空间来强调现状和加强现存的自然风景。一个明确的流通系统的建立，包括新的人行道和道路的实施，如在“宗旨3.2”中描述的，应该清晰地表达多样的细节和规模。

**政策3.2.4**　建筑应该距离临近道路中心线退后，正如在《15.0建筑规划导则元素》中所指示的。

**政策3.2.5**　未来建筑仔细的选址应该对现存树木影响最小。在修建的时候，通过利用边界障碍物放置在树的滴水线或者严格的根区域（这样更好），树应该保护不被破坏，既在建造前也在建造中。场地规划是通过新建筑预算成立的，应该根据与整体校园风景规划意图一致来管理。资金应该以一种有目的的方式被分散，优先权给了被视作拥有巨大潜力的在校园改进和影响上的基金。这个意图应该用于实施校园风景的框架，是一个整体的组成而不是一个个体的集合，没有关系的小的风景片的收集。USF将景观发展的价值视作已形成环境的基础设施，其与为了老师、学生、员工使用而进行的校园发展的设计程序相关联。

**宗旨3.5**　加强校园设施的功能性链接。

**政策3.5.1**　USF应该在校园设施建立功能性链接。通过启动系统性的运用行人通道，建立校园设施和寻路边界间的连接。USF应该鼓励植树，合理地增加人行道的照明设施，标志和布置便利设施，例如长凳和自行车停靠点，通过为新的建筑工程提供程序性的活动链接和加强人行活动模式的系统性阶段。

**宗旨3.6**　降低校园内每个人和每座建筑的能源消耗。

**政策3.6.1** 在校园的发展中，USF应该鼓励"压缩"，来提高使用线路服务的效率，鼓励校园内人行行为超过用车行为，并且去保护土地资源。

**政策3.6.2** USF应该要求新的建造规划适应中部佛罗里达州的气候情况，并要求能源节约的议题，包括建筑调整、选址、密度、阴影和形状，并在设计过程中予以解决。USF应该鼓励气候应对，例如人行路、网、有阴影的中庭、太阳能屏和可打开的窗户。

**政策3.6.3** USF会努力支持美国绿色建筑协会在能源和环境下及在设施的规划和设计中运用绿色建筑评价体系的原则。

资料来源：Calatrava，2009：3—1，3—3

除了以上所列的这些，我们建议考虑更多的类型以完成总目标的实施。这些类型包括以下内容：

- **安全**。不管白天还是晚上，人们应该在行走、利用闲暇时间购物和工作时感到舒适。
- **维护**。一个设计很好的空间，在很少维护的情况下，会被迅速地破坏。
- **场地感**。一个场地的具体部分，包括它的气候，应该被考虑到(Spirn，1984；Givoni，1998)。
- **可持续性**。一个设计应该考虑和保护基址的自然设施。

- **可实施性**。“设计程序应以假想的设计可实施性开始。生成一个与获得资金的现实性紧密关联的规划，获得支持并使项目得以实施。”

扬·盖尔（2012：232）提出了五个规划原则，以集合新城市区域的人和事物，这可被视作城市设计项目的总体目标：

- 准确定位城市的功能，以确保缩短他们与大量公众和事物之间的距离。
- 将城市里的众多功能结合起来，以确保多功能、丰富的游览经历、社会可持续性和单独城市街道的安全感。
- 规划城市空间，让它对于行人和自行车交通是吸引人的和安全的。
- 打开城市和建筑间的边缘，让建筑里的生活和城市空间外的生活能够共同起作用。
- 通过合作去加强这种吸引力，吸引人在城市空间能逗留更长的时间。

马修·卡尔莫纳和他的同事们（2002：66），商讨好的城市规划的经济、社会和环境价值，提出七个在整个场地规划中可以被支持的目标：

1. **品质**——通过回应和加强当地不同的文化和发展模式，来提升城镇风光和整体风景的品质。

2. **连续和隔离**——通过发展来促进街道前缘的连接性和空间的分割，可以清楚地限定城市和公共区域。

3. **公共领域的质量**——提升公共空间和路线，使其有吸引力、安全、整洁和对社会中的每一个人都有效，包括残障和年老的人。

4. **行动的便易性**——提升可达性和本地的连通性，通过创造与其他地方连接并且能够容易穿过的场地，将人置于交通之前，并结合交通和土地利用。

5. **清晰**——通过提供可识别的路线、十字路口和地标，帮助人们识路。

6. **可适应性**——通过与变化的社会、经济和技术状况相呼应的进步来促进可适应性。

7. **多样性**——通过一种共同作用的、兼容性的发展和使用，来促进多样化和选择，以创造回应当地需求的可行场地。

《迈向城市复兴》是“城市课题小组”的最终报告，由理查德·罗杰斯爵士主持，定义了一个城市规划的重要原则的框架体系，这也可以被视作总的工程目标，这个框架被设计用来“确保成功的场地”，但是正如同一个作家所说，“他们不能确保好的设计，却可以为开始思考一个场地或者区域——不管场地是一块空闲的棕地还是一块绿地，或者是现存房地产或者是城市区域的更新——提供一系列基本的法则。例如，他们可以提供对于评价方案和意见的最基本标准”(70—71)。这些框架性评价标准中的一些也能成为城市规划项目中的一些目标：

- **公共领域**。优先权应该给予公共领域的规划。公共空间应该引发安全感和集体感。
- **可达性和渗透度**。一个可供使用的友好的公共领域应该使行走和骑车舒适。应该降低汽车依赖度和扩大公共交通。
- **混合的活动**。活动与用途的多样性应该被鼓励——在建筑、街道、城市街区和社区间。

• **可持续建筑**。建筑、景观和公共空间应该以一种高度的美学和建筑标准被设计和建造。

• **环境责任**。土地应该被视作一种稀缺和有限的资源。城市发展应该加强环境，不仅仅是限制对它的破坏，而且通过尊重生物的多样性，管理自然资源，降低不可再生资源的使用。

与城市规划有关的五个基本“操作尺度”，是由凯文·林奇在《良好城市形态》(1984：118) 一书中界定的，提供了另外一系列可能的总目标。

• **活力**——居住地的形式如何支持重要的功能、生物的要求和人类的能力，重要的是，如何保护物种的生存。

• **认同感**——居住地可以清晰地被理解，场地的精神不同，由当地的居民根据时间和空间而建造的程度，精神结构与他们的价值和概念相连的程度；与环境、我们的感知、精神上的能力和我们的文化建设有关。

• **合适**——关于空间、道路和一个居住区设施的形式和容量，与人们通常忙于的或想忙于的行为模式和数量相配——这就是行为定位的适应性，也包括他们对未来行为的适应。

• **可达性**——与其他的人、资源、服务、活动、信息或场地联系的能力，包括可以得到的元素的数量和多样性。

一些杰出的城市主义者汇编了一系列有助于形成目标制定的社区和地区规划原则（专栏5.2）。他们关于阿瓦尼原则的列表特别有用，因为它包括了实施的策略。

完美的是，项目的一个目标是创造一个更加持续的空间和社区。

蒂姆·比特利（2011）在他关于生态学城市规划的观点里将这个概念继续深化。基于珍妮·班纳斯（Benyus，2002）的城市生物策略（见专栏5.3），比特利继续深入并使用一个数据库（Girling and Kellett，2005）来罗列范围广泛的生态学城市规划元素。

在有些情况下，目标会受益于设计方法程序，但是在城市设计项目的控制之外生成的机遇。一条新的公共交通线或靠近项目场地的市民中心，由一个管理机构设想，可以支撑这个项目。这种思维方式可以被引进方法程序，使用“如果……然后合理”，将潜力放置于变化的条件，这些条件从某种程度上由设计提出并受设计控制。

我们建议的目标是整体性的，并且会激励城市设计师，但不能替代场地或项目特殊目标的地位。整体目标的大部分随处都有效，并且在大多数情况下。谁能从我们列表中否认可达性公共领域或者多样性的重要性？一个城市设计师与客户合作，去定义任务，明确一系列的目标是非常重要的。

**专栏5.2　阿瓦尼原则**

**前言**

现存城市和郊区的发展模式严重损害了我们的生活质量。这些现象是：源于我们对汽车日益增加的依赖性，出现了更多的阻塞和大气污染，珍贵公共空间的缺失，对道路和公共服务昂贵改善的需求，经济资源的不公平分配，集体感的缺乏。通过描绘过去和现在的最好画面，我们能更好地规划社区，能够更好地满足在里面居住和工作的人。这些规划会遵守一些基本的原则。

**社区原则**

1. 所有的规划应该以一种完整和联合社区的形式，包括住房、工作场地、学校、公园和对居民日常生活必要的市民设施。

2. 社区的规模应该被规划为住房、工作、日常需求和其他活动在彼此可轻易到达的范围内。

3. 尽可能多的活动应该被安置在可运输停靠的、步行可轻易到达的范围内。

4. 一个社区应该包括多样化的房型，使来自不同经济层次的居民和年龄组能够在它的边界内居住。

5. 社区内的商业应该为居民提供一系列的工作类型。

6. 社区的位置和品质应该与更大的网络散点一致。

7. 社区应该拥有一个核心，综合商业、居住、文化和娱乐等用途。

8. 社区应该包含专门开放空间的充足提供，以广场、公园和绿地的形式，通过安置和规划，这些场地的经常使用应被鼓励。

9. 公共空间应该被规划得吸引所有人的注意力和参与，在白天或黑夜的任何时刻。

10. 每个社区或是社区组群里应该有一个明确规定的边界，例如农业的绿色隔离带，或者野生动物走廊，在发展中永久地受保护。

11. 街道、人行道和自行车道应该对一个有着充分连接和对于所有目的地的有趣的路线系统有贡献。它们的规划应该鼓励自行车和行人的使用，通过由建筑、树和照明实现小小的、空间上的分割，并且不鼓励高速交通。

**地区原则**

1. 地区结构应该在已修建的运输点周围更大的交通网络被整合，而不是在快车道的交通网中被结合。

2. 区域应该被划分并且提供一个被自然状况决定的绿带 / 野生生物走廊的可持续系统。

3. 地区性的机构和服务设施（政府、运动场、博物馆等）应该被定位在城市的核心。

**实施策略**

1. 总体规划应该被更新来合并以下原则。

2. 不仅是考虑到最初的开发者逐渐微小的发展，当地的政府应该通过开放的规划程序来启用在其管辖范围内的新的和变化的社区。

3. 比其他进步更重要的是，一个具体的方案应该被用来界定社区，社区里新的成长、充实或者复兴是被允许的。采纳具体方案，项目会以最小的延迟来推进。

4. 方案应该以一种开放的程序来深化，在这一过程中，应该提供已计划设计的阐释模型。

资料来源：地方政府委员会；1991；Calthorpe et al.，1998。

图 5.1　巴塞罗那马尔公园(迪克西·卡里略摄)

**专栏 5.3　城市的仿生学策略**

1. 将垃圾作为一种资源。
2. 多样化和合作来充分利用生境。
3. 集聚并且有效利用能源。
4. 最优化而不是最大化。
5. 节约利用再生资源。
6. 不要弄脏它们的窝。
7. 不要浪费再生资源。
8. 在生物圈中保持平衡。
9. 密切了解信息。
10. 当地购物。

## 专栏5.4 不同尺度的亲生物城市规划要素

| 尺度 | 亲生物规划要素 |
| --- | --- |
| 建筑 | 绿色屋顶 |
| | 空中花园和绿色前庭 |
| | 屋顶花园 |
| | 绿墙 |
| | 白天明亮的内部空间 |
| 街段 | 绿色的庭院 |
| | 绿色区域周围成群的住房 |
| | 乡土植物庭院和空间 |
| 街道 | 绿色街道 |
| | 人行道花园 |
| | 城市树丛 |
| | 低干扰的开发 |
| | 光滑的街道和植物沼泽地 |
| | 可食地景 |
| | 高程度的渗透 |
| 街区 | 月间光线，光线的复兴 |
| | 城市森林 |
| | 生态公园 |
| | 社区公园 |
| | 社区公园和街道公园 |

| | |
|---|---|
| | 绿化灰色地带和棕色地带 |
| 社区 | 城市的河流和河岸区域 |
| | 城市生态系统 |
| | 绿色学校 |
| | 城市树篷 |
| | 城市森林和社区果园 |
| | 绿化联合边界 |
| 地区 | 河流系统和泛洪区 |
| | 河岸系统 |
| | 地区性的绿色空间系统 |
| | 绿化主要的交通走廊 |

资料来源：2005年由格林和凯利特改编，2008年首次出现在比特利和纽曼的著作中，在比特利2011年的著作中被再次使用。

## 构建愿景

一个城市规划工程可以给社区提供一个吸引投资的愿景；去协调不和谐的利益；提出批评的环境、文化和社会问题。如果可能的话，激励未来的使用者。记住丹尼尔·伯纳姆的著名宣言："不做一点规划，它们没有魔力去激发人们的热血。"

一个愿景为一个项目带来了鼓励，能帮助人们明白一个地方会变成怎样。愿景包括想象一个城市或者社区在未来几年或者几十年会变成怎样。"**去想象**"源自社会环境中表达的价值，可以被译为一种手写或视觉的关于一个可行性情景的描述，始于这块场地受认可的潜力。

这种想象的愿景以帮助指挥政府部门和其他利益群体的方式来实现展现的观点。

例如，马丁·路德·金提出一种关于未来的公民权利的愿景，在他的“我有一个梦想”的演讲中。相似的是，主席约翰·F.肯尼迪在1961年提出了一个愿景，在该十年的最后“我们选择去月球”。正如金和肯尼迪阐释的，愿景需要被追寻。美国的规划师约翰·弗雷贡内斯写道：“不付诸行动的愿景是幻觉。”

在制造一个意象或多个意象中，至少两个尺度被用到：一个是技术的，一个是社会的。技术尺度帮助认证潜力并且根据多样化的期望来调整。它定义了限制条件和限制状况，以及意象可以成真的方式。当不同群体的人们投身于形成这个愿景时，社会的尺度形成了。没有公众的参与，关于公众空间的愿景是不可能去构建的。

**构建愿景的程序：得克萨斯州中部愿景**

“得克萨斯州中部愿景”(ECT) 是一个以广阔的范围开始但最后以城市规划的规模走向细节 (Steiner，2011) 的愿景例子。“得克萨斯州中部愿景”开发了一个绘图文件，以令人吃惊的细节展示了区域和城市的愿景。“得克萨斯州中部愿景”不仅仅是提供可能性未来的手写的描述，而且提出了工具、资源和项目在特殊问题的区域，例如交通、土地利用和环境，来陈述都市地区经历的重要的增长压力。“得克萨斯州中部愿景”的目标是创造一个普遍性愿景，去帮助引导行动和创造性步骤，以一种积极的方式去管理城市的增长。“得克萨斯州中部愿景”被规划用来形成和加强“一个充满活力、经济有力、全球连接、本地领导的社区，吸收和控制其增长的手段是，使其变得更高、更密、更绿和更多连接，同时保留它独特的场所感和灵魂”(得克萨斯州中部愿景，

2004：5）。

“得克萨斯州中部愿景”始于2001年，来自奥斯丁都市区五个县（Bastrop，Caldwell，Hays，Travis and Williamson）的企业界、公民界和政界的领导人组织会议来发起成立。一个八人的委员会，配以广泛的管理指挥者和一个执行委员会，成立了一个非营利组织。这个委员会试图囊括每个县、每个选区和地区中有归属的利益组织的代表。“得克萨斯州中部愿景”是一个私人的非营利组织，收到来自多个地方政府和企业的资金。除开中心城市（同时也是得克萨斯州大学的发源地和州的首府），奥斯丁都市区包括周围的五个县。当构建愿景的程序在2002年开始时，都市区的总人口接近125万。地区人口在1990年增长了47%，并且预计在接下来的二十年至三十年里成倍增长。地区覆盖了3980平方英里（10 308平方千米）的范围，在2002年开发了约1157平方英里（2997平方千米）。

从地区性来看，人口密度非常低，仅仅每平方英里318人（113人／平方千米），但在未来的二十年到三十年预计增长。在城市化的地区，在2000年的密度是每平方英里1080人（417人／平方千米）（Steiner，2011）。

为了管理愿景的程序，委员会选择了弗雷贡内斯与卡尔索普联合公司——一个地区性的规划咨询公司，总部在俄勒冈州和加利福尼亚州。约翰·弗雷贡内斯是俄勒冈州波兰特都市区域的前政府规划管理者，彼得·卡尔索普是新城市主义运动中重要的建筑师之一（Calthorpe，1993；Calthorpe and Fulton，2001）。在奥斯丁的得克萨斯大学作为信息的“忠实经纪人”，帮助沟通和引导方法程序。

“得克萨斯州中部愿景”对于奥斯丁都市区是一个成长性的管理

项目，展示一个地区性的可持续规划的方法如何聚集双倍人口并保护环境和生活质量。“得克萨斯州中部愿景”致力于扩展公众参与以产生四个场景，并在这四个场景中产生出一个更可能的场景。它以空间设计概念和可持续指导应用为特征。(Steiner，2011，htpp：//www.envisioncentraltexas.org)

去创造一个共享的愿景，能够将常规策略周围的都市领域联合起来，解决争论并提出关键问题的解决措施。这是一个有组织的公众参与程序，包括了上百人的工作室。工作室帮助产生四个增长的场景，这些场景考虑了可用的土地、未来土地直接的增长、综合化的交通方式和土地利用。场景也许被视作关于未来的故事或者历史。推敲趋势和预测，来说明场景的实施性、土地使用的经济模型和使用的交通方式，同时出于环境的顾虑，如对含水土层和最原始的农业土地的保护。

场景强调多样性增长政策与后续发展模式的区别：

- **场景A**提供“如往常的商业”的工程。这个方案涉及土地上另外的125万人，以一种和最近低密度的发展相似的模式。这个场景导致了密度的增加(1323人/平方英里，或者511人/平方千米)在城市化地区，人们会通过驾车经过长距离去工作，由于工作在城中心集聚(见图5.2)。
- **场景B**预见大多数新的增长，不管是新的还是现存的，会靠近主要的道路。住房和工作增长会出现在整个五个县。一些再发展会出现在现存的社区。总的来说，大多数居民会住在单家庭的住房里。地区性的交通选择决策会包括收费的道路、新的快车路线和轨道通行系统及一个中心的轻轨系统。城市地区的密度会达到每平方英里1714人

(662人/平方千米)(见图5.3)。

• **在场景C**下，增长会同时出现在现存社区和新出现的城镇里。当前的城市和城镇会增加工作机会和居民，但更为混合用途的发展会导致每个单家庭住房更少的人。新的城镇会沿着主要的道路和轨道修建，保护开放空间和社区间未开发的土地。地区性的交通选择决策会和场景B相似。密度约在每平方英里1749人(见图5.4)。

• **场景D**的多数增长会出现在现存的城镇和社区。与其他的场景相比，更多的土地会保持未开发。地区性的交通选择决策会和场景B相似。密度会达到每平方英里1936人(749人/平方千米)(见图5.5)(Steiner，2011；ECT，2003a，2003b，2003m)。

这四个场景被展现给公众，并且在2003年的秋天，一个调查问卷被分散给得克萨斯州中部的居民，超过1.2万份调查问卷被返回来，一半通过商场，一半通过网络。回应调查的全部五个县的居民与地区内实际分布的人口的比例一致。这个调查根据弗雷贡内斯与卡尔普索联合公司(2003)，代表了人口的一个重要部分，大约一百个居民中有一个。超过50%的居民更倾向于场景D，这个场景在区域内也受到了广泛的正面的投票。利用从最初公众工作室、ECT和弗雷贡内斯与卡尔普索联合公司一起取得的认知，生成一个更为可能的场景，并且引导一系列社区场地测试规划工作室，在整个五个县内。彼得·卡尔索普的建筑公司领导场地测试规划工作室，这个工作室作为引导性的项目去检验不同的规划工具，来说明在得克萨斯州中部地区的典型问题，并且在地方层次上提供机遇来探索解决的方式(见第九章)。这个愿景提出了强调本地城市规划的新形式的发展模式，与过去相比，有显著的差异。

图 5.2　场景A，得克萨斯州中部愿景

图5.3　场景B,得克萨斯州中部愿景

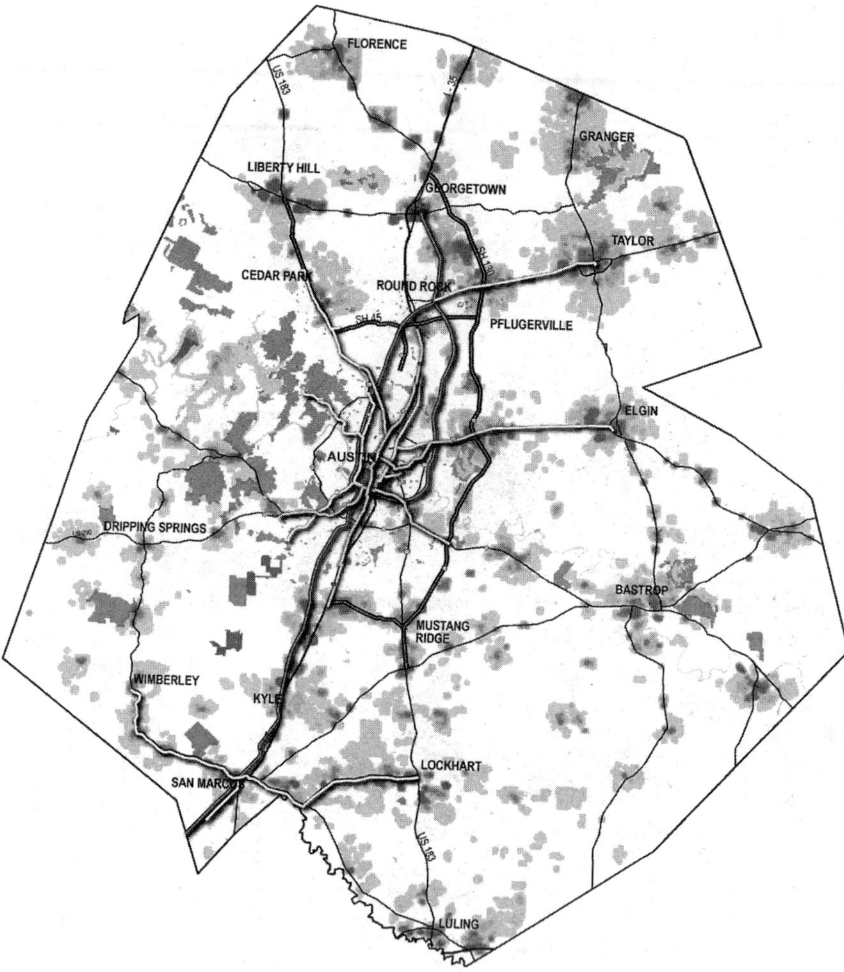


图5.4　场景C,得克萨斯州中部愿景

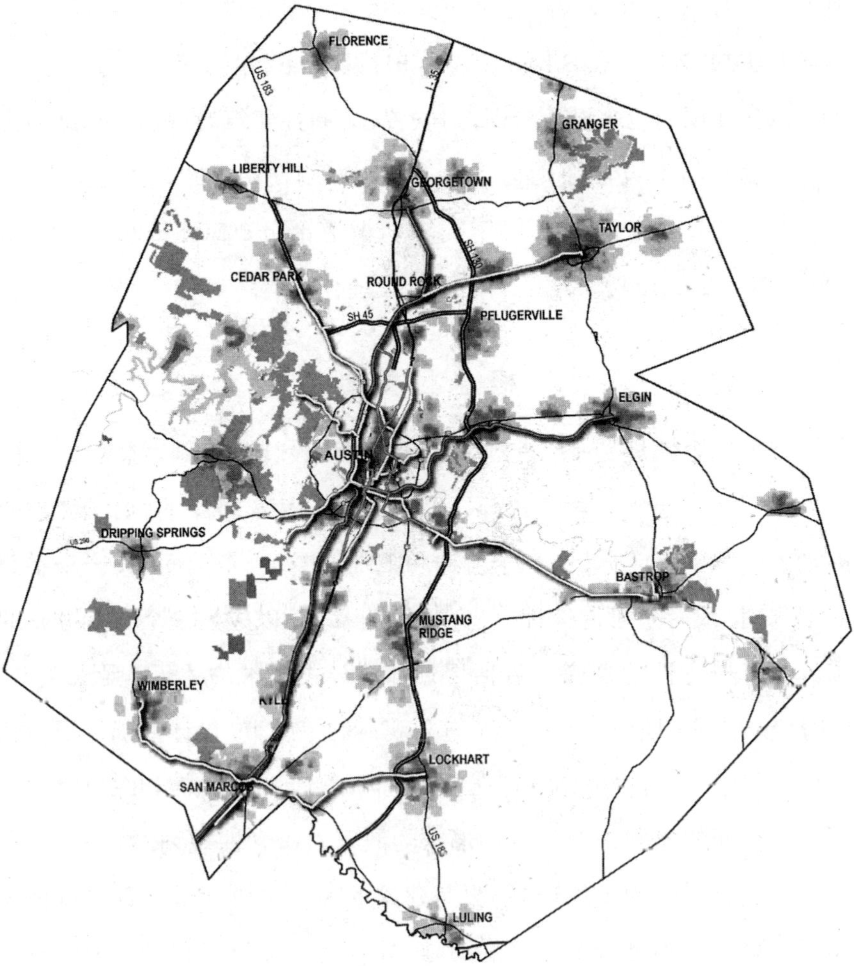


图5.5　场景D,得克萨斯州中部愿景

概念性规划会提供设计愿景，关于不同场地混合用途的评价，步行街道通过创造一个集住房、零售和官方用途、市民功能、娱乐区域和社区聚集地的混合物，有着超过现存社区的更大密度。多个设计愿景被提供来测试场地（ECT，2003b，2003d，2003f，2003h）（见图5.6和图5.7）。

概念性规划包含设计导则，对安置、方向性建筑的规模有详细的说明（见第十章）。设计导则也包含关于允许的使用方式、建筑设计（街道的朝向、透明度、功能、停车需求和街道部分）（ECT 2003a，2003c，2003e，2003g，2003k）。

## 概念性规划

一个概念性规划是一个工具，用于转化设计师和顾客想要追求的观点和目标。这个方案限定了不可协商的、约束着方案的、必须考虑的因素。一个SWOT分析，一个机遇和限制地图，一个剖面图，一个手绘的轴测图，或者是可持续性分析（见第四章）可以成为一个方案分开的点。这个概念性规划应该包括规划师倡导去追求的关于"强烈观点"（或者方案）的图形描述，在一个有利观点的范围下，设计师确定了明确的形状和方向，可以成为盛行在整个空间次序的方向，例如绿色空间和开放的空间的集聚来取代它们形态的散布。概念性规划不是规划，它并不会包含建筑的最终形态，只是建筑的足迹。概念性规划可以被视作一个草稿而不是一个最终的图画，并且通过广泛的和易理解的符号展示空间和用途最初的关系。

图形设计软件可以被用来说明观点和概念。另外，也可以展示概念如何和自然因素相关，如底层的岩石床，城市设计师可以搜索现存的和可能的建筑。这样的地图可以展示建筑内可能的用途、内部空间

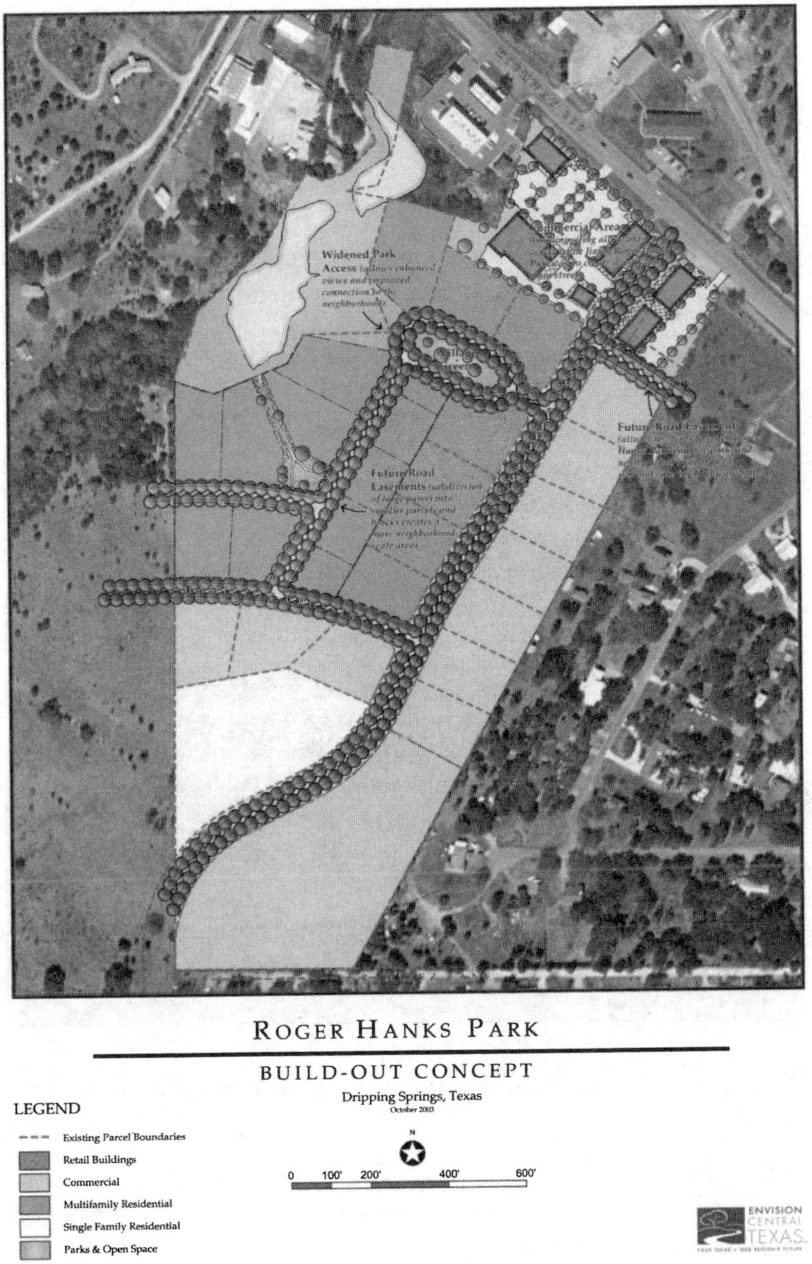


图5.6　罗杰·汉克斯公园的建造概念(得克萨斯州中部愿景)

图5.7　罗杰·汉克斯公园的城市规划框架地图(得克萨斯州中部愿景)

如何和外部空间相连、紧急出口路线、运输路线的亲近性和基础设施的定位。

**复兴曼图亚贡扎加轴的建议**

曼图亚（曼托瓦），一个意大利北部的城市，有着悠久的艺术和建筑传统。它的历史中心的修建历经几个时期。在11和12世纪，迪韦塔斯·维特斯（一个老城镇）在城市的北部被开发（如图5.8），大多数城市近期的拓展，是随着轨道和汽车的发展，发生在整个20世纪。在一个为了整个城市的策略性文件（Treu，2001）准备的过程中，市政当局建议的可识别性和人行道可达性的进展，始于一个历史性街道——贡扎加轴（根据14世纪中期到18世纪早期统治那里的贡扎加家族来命名）。这个轴线连接了曼图亚历史中心的两个主要旅游景点。沿着它的路线，约5600英尺（1700米），一些城市里重要的历史性建筑纪念物可以被找到。

贡扎加轴每天被几十意大利人和到曼图亚的异国游客走过。场地分析显示了一些缺陷，关于坐位、标志设置、现存空间的维护、铺装，以及对于居民和游客的可识别性。

贡扎加轴提供了很多机会去发展和改进旅游业和整个历史中心，也加强了本地的商业机会。这个轴线已经成为整个城市最重要的商业带。在一个路线的最初调查后，一系列与城市政府一致的目标会被深化。主要的目标如下：

- 从一条路线的结尾到另一条，为方向的可识别性提供设施。
- 对于来自其他国家的游客，采用图标的意象而不是多种语言标志去保证识别性。

图5.8　意大利曼图亚的历史时期地图（引自Treu，2001）

- 让路线对于各年龄阶段和各能力的人是合适的。
- 根据私家车造成可达性问题的主要路线来定义选择决策。
- 改善轴线沿线的状况。
- 为下一步提供指导。

规划以从鉴定这些能够被包含进轴线修复的位置开始。具体的概念性方案根据每个具体的地方来深化。设计师研究了五个具体的广场和公园。概念性方案是最初的意见，为一个更具体的项目提供更有力的观点（见图5.9）。

可识别性和人行道的可达性的进展以改善的新的铺装来实现，同时，也尊重城市原道路的历史品质（参见第九章）。一个有颜色的易被辨别的线路（基于波士顿自由路线的模型）被提出。任何行人，通过跟随该线，可以找到轴线的另一端。为了实现这个措施，与行人使用专家一起合作研究可能性，他们在不同的选择间给出了偏好的意见。考虑的多种选择被减少至两个。行人使用专家帮助聚焦于不同年龄、身体状况、性别的所有使用者的内在的和外在的需求。

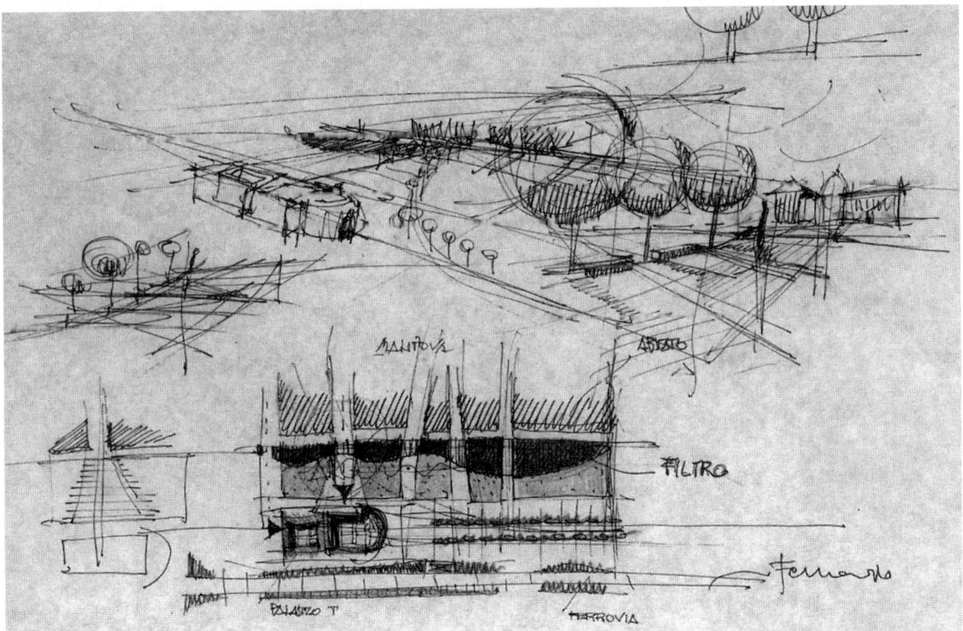


图5.9　意大利曼图亚的概念性方案（埃莱娜·斯泰瓦纳托绘制）

## 选 择

目标的确定、一个愿景的界定和一个概念性方案的产生，会激发一个设计师去评价不同的选择会如何影响最终总方案的布局。生成和思考选择和权衡它们的利弊，是达到一个最终意见的有意思的练习。多样化选择的评价应该是对话交流的一部分。在这一阶段，比其他更重要的是，显示解决一个规划问题的途径不仅只有一个。

**公民联盟和新纽约愿景：关于曼哈顿下城的一个愿景和三个场景以及关于世贸中心旧址的五个策略**。

在2001年10月1日，75位市民的领导者开启了一项程序，导致了“重建纽约中心地区市民联盟”的建立。这些领导者在如何重建上有许多不同的意见，“但背后以一个目标为联合：通过支持一个开放的、包罗广泛的重建程序来超过昔日的商业，这会成为民主的一个纪念碑”（公民联盟和地区规划委员会，2002：1）。公民联盟在八个主题领域形成了工作小组：经济发展、交通和流通性；社会、经济和环境评估；纪念性的方法程序；绿色建筑和可持续系统；公民便利设施和管理性框架。在接下来的十个月，公民联盟总会议关注每一个小组。在2002年的9月，公民联盟推出了一个报告关于八项领域中的发现与推荐规范：一个计划中的框架体系去重建纽约的市中心（公民联盟和地区规划委员会，2002）。

报告包含了一个关于整个曼哈顿下城的愿景，不仅仅是著名的16英亩（6.5公顷）的世界贸易中心旧址。

曼哈顿下城可以成为21世纪世界上的第一城市，包括在城市规划最佳实践、绿色建筑和技术、交通和经济发展……我们想象一个新的市中心，24小时一天都是鲜活的……同时作为一个多样化与经济化结合的居民社区，购物和吃饭、学校、大学和新产业的发源地……这是一个区域性和全球文化的中心，一个有着相当多数量的，为了居民和游客的、高质量的公众公园和空间。这是一个在可持续城市规划方面有着最新改革，利用来自全世界的东西去精心制作一个美丽的和繁荣的可供居住和工作的场所。重要的是，这是一个纪念那些在2011年9月11日那场可怕的战争行为中死去的人们的地方。(公民联盟和地区规划委员会,2002: 4)

这个愿景建立在六个指导原则上：

- 将公众资金集中在基础设施和公民便利设施上。
- 将纪念性规划过程和曼哈顿下区、世界贸易中心旧址的规划结合在一起。
- 为了整个曼哈顿下城的规划，而不仅仅是为了世界贸易中心旧址。
- 公平的执行。
- 以一种公开的、包容的程序来深化所有的方案。
- 采纳“绿色”建筑和可持续发展的原则。

文件的这个部分专注于城市规划设计，“强调公众领域的服务和建筑，去创造一个有着街道和连接良好的开放空间的完整网络，以及接近连续的滨水区域的机会(公民联盟和地区规划委员会，2002：38)。在2002年12月，公民联盟组织了一个计划与规划工作室(公民联盟，

2002a)。与“得克萨斯州中部愿景”的例子一样，场景被用来深化关于曼哈顿下区的未来的愿景。工作室的要求是去测试关于曼哈顿下城的应用，为了不同规划的优先权。特别是三个场景的形成：

- **全球化的办公**——强调复兴办公经济
- **居民化的社区**——强调居民人口的快速增长
- **创造性的中心**——强调曼哈顿下城经济的多元化

三个团队定义了三个场景的观点、意见和建议。每一套场景有一组不同的投资方式和基于可供选择愿景的政策，但是所有的场景需考虑以下三点：

- 关于曼哈顿下城的混合用途
- 基础设施和便民设施控制
- 三个规模：地区、曼哈顿下城、世界贸易中心旧址(Lane and Pirani，2003)

从工作室生成的三个场景认可“分享‘世界贸易’的愿景，该愿景的运用不仅仅是商品和金融，也是新经济、教育、语言、观点的共享和世界和平上的先驱。在世界贸易中心场地，‘神圣之地’和‘汇集之地’的融合来纪念世贸中心旧址”(公民联盟和地区规划委员会，2002：3)。分散会相对少，每个场景都是建立在一个成功混合使用的街道上。

新纽约愿景(NYNV)是一个支持建筑、风景园林、工程和规划的组织，随着9月11日在世界贸易中心恐怖袭击后立即出现。这个组织专注于公民联盟活动，并且包括了许多组织，例如美国建筑机构、美国规划协会、美国社会的风景建造、地区计划协会和公民联盟。在2002年的2月，NYNV准备了一个文件——《重建曼哈顿下城的原则》(NYNV，2002b)，这个文件提供了一系列关于曼哈顿下城重建和规划的原则和建议。

在2002年3月，NYNV陈述了一个报告《可能的未来》(NYNV，2002a)来提供附加的背景，关于在更早的原则报告中陈述的规划指导，并且去讨论应用的更多细节。《可能的未来》是一个适应城市的规划。为了更好地理解世界贸易中心场地的未来，"成长策略小队"报告共同的作家，生成了一个关于场地的纪念性与可能的发展之间关系的理解。"社会环境……组织多样化的场地方案，根据每个解决方案，体现了朝着世界贸易中心塔的足迹"(NYNV，2002a：6)。

五个被考虑的场景策略(NYNV，2002a：6)：

策略一：整个世界贸易中心仍然是开放的场地。

策略二：对于场地大部分东部的格林威治街道和北部的富尔顿街道区域，新的开发是受限制的，留下了一个塔的足迹的巨大开敞空间。

策略三和策略四：塔的足迹是被认可的，可以作为开敞空间(策略三)或是作为已建的纪念性结构(策略四)，在场地的提示下，能被充分地开发，或是围绕邻近的开敞空间部分被开发。

策略五：整个场地对于在新街区和街道的系统下发展是可行的。

这五个策略产生了不同变化，这些变化将许多对于场地的规划机遇纳入考虑。这五个策略着重于整个场地和双子塔的足迹，以不同的方式：从一个留下16英亩(6.5公顷)完全开敞的、没有建筑的建议，到在塔的足迹下的新建筑。什么是一个有效的工具去评价不同的规划选择。公民联盟和NYNV联合性的活动呈现了一个非常特殊的例子，来创造一个灾后城市场地重建的选择性。

## 使用绿色建筑、社区和场地的评价系统

美国绿色建筑协会（USGBC），成为能源和环境设计（LEED）标准的领导者，这个能帮助城市设计师对单个建筑和社区层次的环境考虑更近一步（http：//usgbc.org）。此外，可持续场地行为（SITES）（2009，http：//www.sustainablesites.org）发展了“可持续土地规划、建造和维护实践”指导导则。SIFES的标准会结合LEED，并且会成为一个独立的项目。SITES已经被包括进《纽约市高性能景观指导导则》（公共空间的设计信托与纽约城市公园和娱乐，2010）。LEED和SITES系统体现了相当多的认知，关于建筑、社区和景观以一种环境友好和能源保护的方式来建造。这些系统在整个规划过程中会被使用，是为了去挑选，就LEED和SITES的先决条件而言，选择决策会如何不同，并评价被考虑的选择。

一个项目需要被证明的先决条件，提供了加分点。专栏5.5提供了与城市规划有关场地信用的例子。

许多开发者寻求LEED和SITES的认证。因此，城市设计师需要将场地的先决条件和信用在早期规划中考虑进去。另外，LEED和SITES可以帮助设计师生成楔形策略来帮助他们的工程减少温室气体的产生和使用。通过普林斯顿大学碳减排计划，楔形策略代表了减少全球二氧化碳排放。策略关注效率、脱碳的动力、脱碳的燃料、森林和农业土壤。前三块区域可以直接根据城市规划来解决。第四个策略区域通过普林斯顿大学鉴定，如果城市被建造得更加生动，郊区的蔓延可以被降低，然后森林和农业区域可以被保护，它们的土地可以

用来碳储存。

另一个项目是被“本地环保措施的国际协会”——可持续的本地政府(ICLEI),它是一个本地政府的一个国际会员组织,在美国超过了600名会员。ICLEI与USGBC和美国进步中心在明星社区指数的发展上一起合作。它试图成为明确的手段,通过本地政府可以测量和证明它们的可持续性(http://www.icieiusa.org/star)。

**高角的案例研究①**

环境认知和评价系统在规划中会被用来生成更多生态敏感性的项目,如高角项目所帮助阐明的。作为SITES运用的先例,高角是在西雅图,有着34个街区(120英亩或49公顷),包含各种收入群体、混合种族的居住性社区。它是在皮热低地的中心地区,有着西海岸温和海洋性气候,有着干燥的夏天,其余时间则潮湿和凉爽(http://www.seattlehousing.org/redevelopment/high-point/plan)。

**专栏5.5 SITES应用的例子**

选择棕色地带和灰色地带,并更新引导城市地区的发展来减少未开发土地的压力,减少能源消耗,并重建受灾地区的生态系统服务。

在现存的场地中挑选场地,在现存的社区中鼓励场地的发展来减少污染和发展性影响,支持本地经济的发展和改善人类的健康。

选择鼓励非机动化交通和使用公共交通的场地。

---

① 引自斯坦纳等人,也可参见SITES,2009,伯德·约翰逊夫人野花中心,负责编译这个研究案例。

鼓励场地的此种发展，对于行人、骑行者和近处的公交转乘可达，来降低污染和改善人类的健康。

在风景灌溉中，降低可饮用水的使用，降低75%甚至更多。

限制或剔除可饮用水的使用，自然地表水如湖、河和溪流，为风景灌溉抽取的地下水。鼓励多样化的灌溉方式和水储存方式。

管理场地内的雨水。

模拟场地的水文条件（渗入、流失和蒸发），基于场地的自然、历史和不发达地区的生态系统上。

保护和加强场地内水资源和收集水的质量。

阻止和减小常规雨水污染物的繁殖、流通和运输，收集特殊的水生污染物，包括地表水和地下水，结合下水道或生态区水系统。

规划雨水特征来提供一个景观便利设施。

将视觉上和物理上可获得的雨水的特征和场地结合，以一种有美感的令人愉悦的方式。

在设计和规划中将动土量降到最小。

限制健康土地的动土量来保护土地的范围和维护土地的结构、现存的水、有机问题和土壤中储存的营养物质。

鉴定和保护所有规划的植物，如有着地区、州和联邦认证特殊身份的。

使用乡土植物。

种植合适的蔬菜，符合场地的生态规律。

用植物来减少建筑降温要求。

将蔬菜放在建筑周边战略性位置，来降低与室内气候加热一致的能源消耗的花费。

用植物来减小建筑的制冷要求。

将植物或者植被结构放置在建筑周边战略性位置，降低能源的消耗和室内气候控制的代价。

降低城市热岛效应。

用植物和反射性材料来降低热岛效应和最小化对微气候、人类和野生动物栖息地的影响。

运用可回收的材料。

运用可回收的材料来减少未开发能源的使用和避免将有用的材料送到垃圾填埋场。

运用地区性的材料。

减少交通中能源的使用；增加对地区生长和提取的材料、植物和土地的需求，来支持本地再生资源的使用；并且促进一个地区性的鉴定。

保护和维护特殊的自然和人文地区。

保护和维护特殊的自然和人文地区、属性和文物来加强一个地区的场所感和内涵。

提供可供选择的场地可达性、安全性和寻路方式。

通过增强使用者去理解和安全到达室外空间的能力，来提升场地的使用。

提供室外锻炼活动的机会。

提供场地来鼓励室外锻炼活动的机会，来改善人体的健康。

为社会交往提供户外空间。

提供多种规格的、聚集性户外空间或是住宿群体的方向，为了建立社区和改善社会的目的。

减少室外和所有景观的化石能源消耗。

挑选能源充足的户外固定点和设备来减少与场地使用与运行相关的能源消耗和代价。

对于景观电力需求，使用可更新的资源。

使用来自可再生能源中的电力，来降低与场地运行相一致的温室气体排放并且减小空气污染、栖息地的在建和来自以化石能源为基础的生产。

资料来源：引自 http：//www.sustainablesites.org

为了回应在周边城市环境下重组社区社区的要求，西雅图的住房机构开始了重建的活动，第一阶段在2006年完成，第二阶段在2009年完成。项目粗略地包括西雅图郎费罗河8%的流域，一个城市里养育鲑鱼的小河是现存的在城市里仅有的四条中的一个。西雅图公众事业管理局意识到，20世纪40年代场地的再发展会缓解受污染的城市废物的重要来源。创造性、场地的特殊性、低干扰的开发策略被用于每个城市街区，一个自然的灌溉系统在整个社区被利用。

自然河岸的边界是西雅图灌溉系统完整的一部分，伴随着超过20%的城市废水流入本地的河流。在系统下，工程队伍专注于修复和保护鲑鱼的栖息地，保护和清理水域。尽管场地是一个在20世纪40年代开发的灰色地带，但规划允许场地和牧场一样有效地管理雨水，这与现有的发展相比拥有优势。

屋顶的废水直接用来冲洗街区，并最终排入了沟渠、菜园和现存的道路里。居住场地没有渗透的雨水直接被导去了一个2.2万英尺（6706米）的系统，在这个系统中，洼地是以砾石和堆肥来建造，以定期的护堤来分级，允许水冲刷进池塘和过滤进土壤（见图5.10）。

在特殊风暴时期，系统中过度的水流被截流灌入到一个单独的雨水水池（见图5.11），这是和大西洋西北部典型性发展相反的，这种情况要求20英亩（8公顷）来满足二十五年和一百年一遇的暴雨事件的流水控制。高角的结果是在项目发展潜力中的净收益。

乡土和适应性植物被用来反映本地的生态系统，并且将维护的需求最小化。超过了八万的地表覆盖在街道景观中被放置，和超过三千棵附加的树有效地使场地树的数量翻了两倍。洼地的开凿另外为居民创造一个有趣的年轮经历。

图5.10　植物中央分隔带可以收集和吸收来自街道的雨水

图 5.11 高角地区的自然排水系统

本地的耐旱和适合场地的植物被使用，来减少灌溉和打农药的需求。修整土壤来改善水的保留，同时一个计算机化的灌溉管理系统调整水的供应，基于植物的需求、太阳能的朝向和本地的气候信息。

超过一千棵现存的树被评估并由带有一个设计团队的树木栽培专家去评价，接着小组选择街道和街区的布局，来保留场地内的树。树木栽培专家强调每棵树的经济价值，并且在靠近树的地方公布预测，使得建造人员知道如果任何一棵树被破坏，他们欠西雅图住房机构多少钱，通过这种途径抢救的树的价值经预测达150万美元。

和认可的机构合作，内在纪律性的规划，合作和多学科教育，公众交流和社区庆祝是高角项目成功的关键。对于承包商，在建筑期间，保护自然的系统需要被强调，正如整个系统需要成功的进展，优先于证书占用的问题。这个要求对于承包商来说，必须实现规划，将应用纳入程序中。

## 小 结

在城市规划设计的这个阶段，关于未来的选择决策被创造着。这些选项为设计师、顾客和任何利益群体提供了许多选择。规划师利用选项来解释项目目标将被如何实现。选择决策应该激励顾客和公众。一个概念性方案应该将所有的可能性聚在一起，以一种简略的、不完全的、最初的方式。通过这样做，进入到关于场地未来的交流对话阶段。

# 第六章
# 交流对话

在城市设计的方法程序中，术语“**交流对话**”指的是设计师与客户，也包括设计师与大众之间融洽关系的这种机遇。这个术语是埃德蒙·培根在《城市设计》(1974) 中描述费城的马凯特大街是如何改造的。作为程序的一个参加者，培根用了“**交流对话**”这一词来描述规划师和设计师如何呈现观点、交流、收到反馈和重建他们意见的复杂方式。

这种关系也许会出现在整个规划的过程，既可能是按计划，也可能是偶然进行。两种动机激发设计师和客户之间的交流对话：告知和参与。结果性的活动可以被叫作“公众信息”和“公众参与”。詹姆斯·克赖顿提出:“区别在于，公众信息的目的在于**告知公众**，公众参与的目的不仅在告知公众，也在于**征求公众的回答**，即关于公众的需求、价值和评价。”(James Creighton，1981：4) 参与意味着一种深度的、特别的卷入，通过这种形式，在形成结果的过程中，市民变得积极参与。信息、牵扯和参与的程度取决于条件。

在特定的条件下，公众的参与是一种形式的抗议。城市的改革，如埃莉诺·史密斯·莫里斯关于19世纪80年代英国城市规划战役性工程的描述:“倾向于激发在前线的多种战役—规划委员会前线的战役……；委员会前线的战役……；社区小组前线的战役，匆忙地放在一起来阻止‘我们社区’的幻灭，‘而不是我们的后院’(反对者们)。建筑和城市规划在社会日益分化的品位中成了焦点，因为建筑和城市规划是最公众的艺术。每个人可以看到它们。”人通常会参与去阻止一个项目，规划师和设计师应该尽力去感染大众和使大众参加。设计师应该鼓励大众思维变得开放，相应的，设计师应该听取大众给予的意见。

城市规划的一个作用是建立全球性问题和地区性问题的联系，例如，一个城市规划也许建议更高的密度。然而，当地的社团也许会对社区更高的密度感到厌烦。设计师会需要解释密度如何会减少温室气体和能源的节约（例如参见Owen，2009）。

交流对话会将地区性行为与地区甚至全球性环境的结果联系在一起。在对话中，设计师可以激发所有参加的环境专家对环境的解读能力。人在物种的网络中，人类与其他生物的联系，对于设计师、顾客和公众也许是抽象的。生物学家会帮助揭示这些联系，并且阐释一个设计如何加强和破坏这种联系。

## 交流对话的特质和风险的比较

与公众的对话需要对规划和方法程序的下一步有积极的影响，

最重要的部分是设计师采取何种态度来着手交流对话。设计师应该对表达他们的观点感到自在，也应该在修订甚至替换观点时公开。克赖顿写道："最终评价公众参与项目有效程度的指标不仅仅是公众被告知，而是公众的评价以一种对得到结果有益的、技术上和环境上可行的、听起来环保的、被大部分公众所支持的制定选择方式来被征求。"（1981：4）

与公众的交流对话提供了一个决定性的时刻，在某些情况下，决定性因素在一个规划的方法程序中增加其民主的程度。在民主性的交流对话中，一个意见可以被采纳、修改、完善、驳回甚至拒绝。设计师必须准备去接受其他的意见、建议和贡献性的东西。设计师应该对变化保持开放，并且不应该傲慢。

然而，伦佐·皮亚诺对于在规划方法程序中参与的角色说道：

> 吉安卡洛·德卡洛[①]清楚地认识到，听取群众的意见并不意味着遵循，或是意味着放弃他们的角色；参加就是接受教育。哪一个好的医生在聆听过病人后会说出他／她（病人）想听的呢？聆听的态度需要从一个非常小的年纪被教导，并且它会伴随着我们成长。被包括在参与中并不意味着使群众信服，但是接受要求并且可以将它们转化成一个好的设计。讨论的艺术与诺伯托·博比奥[②]的重要思想有关："生命中有比说服人们接受你所做的更好的事，如理解什么是正确的需要做的事情。"（Irace，

① 意大利《空间与社会》杂志的建筑编辑，1988年获沃尔夫奖，"乌尔比诺和它的大学建筑城市"城市规划的设计师。

② 意大利领导性的法律和政策性的哲学家，生于1909年10月18日，逝于2004年1月9日。

2007：14）

设计师必须学会去处理——并不意味着操纵——参与并且因此从公众获取更多的可能（和客户）来指导设计（Carmona et al., 2003）。设计师应该不被需求和对缺陷的屈服所战胜，在芭芭拉·法加的书中前言（2006：vii—viii）关于公众的共识，亚历山大·加文是“曼哈顿下城发展合作”的规划、设计和深化的前负责人（Goldberger, 2004；Nobel, 2005），如他的职业中的一个片段所告知，在公众参与过程中激发公众的预期：

> 在1968年，我参加了一个会议，有来自纽约布鲁克林威克地区的100名民众。这个地区在当时是一个抑郁的、低收入的、被公众官员大大忽视的社区，一个印着巨大的“专业规划者”的纸横跨了整个房间的一边。使用一个有魔力的标记，他在纸的另一端罗列了数字。然后他问道：“在威克你们希望有什么？”他记下了屋子里的人提出的一个接一个的愿望。突然一个非常生气的母亲发言。“我们不需要一个愿望单。”她叫道，“我们希望事情能够实现，但是我们不知道什么是实际的。你是专业的，你应该告诉我们有哪些选择，它们需要付出哪些代价，并且提出你的建议，**然后我们再决定**。”从那一刻我意识到一个严肃的公众过程和幌子的区别。

市民的参与经常是一个挑战和困难性的任务，由于来自居民的抵抗和怀疑。迈克尔·多宾斯在《城市设计与人民》（2009：25）中声称：

> 获得市民许可非常困难，并且一开始会停滞。重要的进步已经作出，然而在进展中仍然是一个混乱的工作，就像民主自身。抵抗的前面部分是可以预测的：受到顶撞的那些传统力量的人们是不愿去分享的。接着那里会有内部的挑战：如何使那些传统上被边缘化的人群渐渐相信这是个参与的机会？他们的努力被忽视和被拒绝是太经常的，导致了最好的情况是反对的激进主义，或最坏情况是冷漠的放弃。

在她关于公众的参与经历的书里，这本书前言的作者、EDAW的芭芭拉·法加声称："采纳设计和全部卖光之间的狭窄通道是折磨人的，难以操纵，或根本无法操作。"（2006：21）在波士顿，EDAW参加了码头街区公园的规划，一个5英亩（2公顷）的城市公园重新连接了港湾和市中心。法加写道："在与人们的会面中，我们在规划中被要求去囊括这么多的吸引力和细节，以至于公园的简洁性会被遗失，加里·哈克这位（前）宾夕法尼亚州大学规划学院的院长……说如果我们在码头街区公园中放置了波士顿公众所要求的一切，结果看起来会像是一个精心制作的有十八个洞的缩小的高尔夫球场。"（2006：21）

公众的参与需要额外的努力、时间和金钱，这是毫无疑问的，至少在短期里。然而，如果公众反对一个工程，一个延期或者是失败的工程的损失会更高。公众的参与是很困难的、复杂的，并且不时地会有情感上的枯竭，却是必要的和值得的，如果最终一个项目被受到变化影响的群众所接受。

## 公众参加和公众参与

在城市设计的方法程序中，公众的参加和参与，如通常在规划中，是一种去解决影响人们生活的方式。在某些情况下，对于设计师，公众的参与是一种强制性的任务。在其他的情况下，公众的参与是一种减少可能性冲突的方式，或是找到一种方式让它们最小化。如乔纳森·巴内特（1985：35）指出关于设计师和参与群众交换意见的机会和在其中的角色：

> 如果规划师和设计师问了正确的问题，与社区团体很少的会议也可以尽可能多地告诉居民，作为一个社会调查的报告，没有咨询居民，使他们觉得像被猪一样对待，不幸的是，这就是大多数调查的结果。社区的见面会也是评估本地优势的一个好的方式……规划师与设计师不应该过多期待来自社区见面会的具体的积极意见；给出对于社区明确的意见非常必要。这些会取得很多回应。当人们看见他们提出的意见出现在下一次见面会的计划中，他们会开始相信他们真正参加了制订计划。

通常来说，公众参与“不是一个单独的事件，例如公众的回声，但是一些系列协调的活动，这些活动提供了在一个决策制定过程的不同时期不同的人参加的机会（Creighton，1981：54）。詹姆斯·克赖顿在一个公众参与的手册（1981：51—56）中制定了四个规则：

1. **在制定选择的方法程序的不同时期，不同的公众会参加**。在技术性阶段，参与度被限制在团体的领导人、风险承担者的代表，或是机构的员工。

2. **在制定选择的方法过程中每一步都有适当程度的参与。**

3. **公众的参与度随着决策过程的进展会增加。**公众参与的通常模式是，当过程越靠近结论时，会有越来越多的公众参加。

4. **公众参加的项目必须与决定制定的方法程序相结合。**

在整个设计过程中，公众的参与是有效的。在早期阶段，参与扮演着支持一个设计师在定义一个项目目标的角色。公众参与在最初的阶段（见第二章）可以帮助明确价值，这个价值是一个社区需要在最终设计中纳入考虑的。一个社区促进一个项目的发展是需要在某些条件下的，暗示着它可能必须要达到的目标。

在美国，社区作为计划的推动者和规划启动者的角色是历史和公众政策的一部分。托克维尔，一位法国法律制度的学者，在19世纪的前半部分游览了北美，发现美国人更喜欢在政府采取行动之前解决问题。这里是关于居民在设计和规划中扮演的角色的拓展文献，包括：《土地的利用：关于城市发展的居民政策导则》（1973），由威廉·威利编辑，这篇文献与20世纪70年代的规划性倡导有关，是由保罗·戴维多夫、琳达·戴维多夫和罗伯特·古德曼和其他人倡导的（Checkoway，1994）。简·雅各布斯（1951）生动描述了不参加城市规划对城市居民的恶性影响（Flint，2009）。

公众在社区的规划与设计中扮演的角色与捍卫和保护一种生活方式有关。“面对着杂乱无章的发展及其伴随的代价，整个国家前瞻性思维的社区努力去寻找会帮助他们保护和加强差异性与渴求品质的策略。成功的社区包含了许多的要素，如商业的力量、工作和好的学校、多样化的房型、成熟的交通系统和人与人之间交往的合适程度(Diamond and Noonan，1996：34)。

迈克尔·多宾斯(2009：x)强调公众在城市规划中扮演公共服务的角色，不管他的客户范围“从单个的赞助人到城市750万的市民”。多宾斯说道：

> **城市规划**开始描述所有城市化地区的规划和功能——它们看起来是怎样和如何运转的。此外，在城市规划中强调**公众位置**——街道、公园、广场和每个人共享的开放性的空间……城市规划是公众环境的规划，所有人所共享的空间，正如它所联系的框架，以私人的环境所限定的框架——由个人和社会团体所拥有的空间。城市规划是公众的脸面和人类定居的公众的基础。对他们的居住地感到自豪的人们，是好的城市规划设计的标志。
>
> 在四十年作为公众部分的城市规划设计师的实践中，除了城市规划理论和实践通常的基础，我发现至少三种重要的主题受到冷遇或一起被忽视。[第一部分是]人是成功城市场所的核心。如果一个地方看起来不错，感觉到舒适，满足功能性需求，它会吸引人和使人产生拥抱、持续的互动和管理工作。如此一种愉快的结果更有可能出现在人们的代表在引导规划、发展性的决定和优先权中起到积极作用的情况下。(2009：x)

根据詹姆斯·克赖顿(1992，引自Steiner，2008：27)，公众参与会产生以下的好处：

- 改进一个决定的质量
- 将成本最小化
- 建立共识
- 增强实施的操作性
- 避免最坏情况的对峙
- 维持可信度和亲密度
- 预计公众的忧虑和态度
- 提升公众的专业性和创造性

在城市规划中公众参与的经验说明，动机与为了变化作决定和去参加到那个变化的渴望有关。

**在世贸中心旧址中的参与**

公众参与的一个重要的经验与2011年9月11日纽约世界贸易中心的残暴恐怖袭击有关。在恐怖袭击的几周后，无数的市民团体声明了他们在重建过程中的角色，出于许多原因这些也都被考虑了，这是近年最重要的城市规划项目。根据保罗·戈德伯格（2008：48—49），在方法程序中的最强音看起来属于罗伯特·亚罗，他是地区规划协会的主席，一个民间团体，兴趣包括三州区域［纽约、新泽西和康涅狄格州］……亚罗意识到重建贸易中心场地，不管他采取何种形式，会有地区性的影响……他认为地区性的计划协会，能够完美地适合去协调地区性居民的呼声。他召集了来自民间组织的一个财团（近九十家）组成他称为“重建纽约中心的公民联盟”。

关于场地的未来，这个组织制定了一系列的原则，需要一个开放性的设计程序，在显著的公民的参与下，为了将整个曼哈顿下城地区包括在内而努力，不仅仅是16英亩（6.5公顷）的世界贸易中心的场地。公民联盟组织了多种行为，包括工作室、总的会议和在明确话题上聚焦性的讨论，包括交通和文化性的项目（公民联盟，2002a，2002b）。

最重要的倡议是“聆听城市”（公民联盟，2002c），一个以4300人会议开始的项目，伴随的是200人更小的会议和另外800人的在线交流对话。

“聆听城市”被规划用来强调指导性讨论和随意观点的表达。参与者“被要求去接受由港务局［组约州和新泽西州的机构，拥有世界贸易中心土地和建筑的机构］建立的项目，并且解释他们喜欢和不喜欢哪种设计方案的特质。参与者接着从讨论的主题中挑选一条最重要的意见，作为他们希望给予规划者的。”（公民联盟，2002c：2）

这个经历强调规划的角色和作为一种社会行为设计师需要重新定义他们的角色：“规划师和设计师不能再假装去引导和指挥大众，朝着一个简单的共识，不管专业规划师如何看待创造性的过程，公众现在期待并且会充分利用一个更加民主的方式来创造公众性的空间。”（Faga，2006：34）

## 在城市设计方法程序中公众参与的角色

公众参与有多个目的，包括告知公众关于进程，验证调研的结果，检查目标和问题是否被满足，提供选择，介绍设计的可能性并且取得一个共识，当必要的时候，将过程向前推进。

设计师与私人客户之间的交流对话与公众的参与有共同的目的，但是教育与参加的技术会不同，选择正确的参加技术是必要的，认真地组织会议，选择什么及如何去展示。最初的概念性草稿方案、一系列的目标、一种分享的愿景和一系列的设计方案，通常是最合适的中间对话的机会（见第五章）。最终的设计和一个清晰详细的设计师如何达到最终目标的过程，是推断城市现状的材料。为了取得一个成功的设计，组织和管理交流对话的会议非常重要，它的实施也非常重要。一个交流对话分裂成占据相反位置的派别，这经常会产生消极性的结果，会影响一个最终的设计、项目的实施，以及规划如何向前推进。

一种特别的公众参与的方式是持续或永久的参加。持续的或是永久的居民参加，在一个明确项目的设计和目标中是不受限制的；相反，它会是没有时间限制的持续，与影响一个城市规划的具体细节不同，这是一个实践。更多的是，它包括项目的决定过程，与城市和地区的政策有关，因此，通过努力制定规则，会间接影响城市规划项目。尽管在城市规划中持续的参加是很稀少的，它也不会完全被排除在外。持续性的参加会被采纳，例如，它在哪里改善了项目的实施和管理。持续的参与也许会告知实施委员会，如果是一个十分复杂的项目就需要很多年去完成（Creighton，1981：131）。

## 在不同设计环境中公众的参与

我们这本书所参照的四分之三内容（工作室、竞标和直接分配）要求多种不同类型的公众参与，或者有时根本没有参与（见第二章）。

在工作室的环境下，公众的参与以两种形式出现——直接的和咨询的。直接参加指的是参加的人（在规划的领域或者项目中专家和非专家考虑到的话题）和协会的代表或者利益群体组织潜在地受到规划的影响。在一个工作室，群众参与可以是咨询性质的，或者是信息性质的（见图6.1和图6.2）。这个途径可以是由信息会议、聚焦性团体、设计工作室，以及在最开始、在过程中或是过程最后的呈现来完成的。

在一个竞标中，公众的参与通常限制在个人的参与，主要是由于时间（通常非常短）、距离（国际或国内开放竞标参与的团体距离研究的区域非常远）、语言和组织困难的限制（如何组织一个公众性的会议给所有参赛的队伍）。然而，一个竞标中的公众参与可以被计划在纲要准备好之前。通过这种方式，关于公众预期的信息对所有参加者是可获得的，并且对于评委也是已知的。

在直接的分配中，公众的参与可以由客户和城市规划师一起组织，如果客户是一家私人公司，它的兴趣在于项目潜在的商业潜力，公众的参与是不常有的，除非被公众实体所要求，公众的咨询也许会主动避免

图6.1　关于优势、挑战和观点的头脑风暴（奥斯丁的和谐城市）

图6.2　一个工作室的工作状态(奥斯丁的和谐城市)

拖延项目的时间和降低预期利润，或者，在最糟的情况下开启和政党公开斗争的风险，这些可以使项目中止。

总的来说，公众参与在城市规划中会起到重要的作用。在描述多个北美的案例中(加上在巴西的福塔雷萨)，芭芭拉·法加观察到，在公众参与的过程中，有“辉煌和领导的时刻、好的意图变坏、意料中的普通陷阱和看起来不知道从哪里出现的路障”(2006：xxi)。

**雷克雅未克瓦腾斯梅里机场竞标中公众的参与**

在瓦腾斯梅里竞标准备中的一个重要的部分，是与利益群体和公众的早期协商。根据雷克雅未克城市的规划者，参赛者收到公众和利益群体关于规划观点准确的信息和潜在场地的使用十分重要：瓦腾斯梅里，一个371英亩(150公顷)的区域，靠近雷克雅未克的中心，竞标的裁判拥有这个信息同等重要，所以他们会基于相同的出发点来考虑和评价意见。通过这种方式，共识可以达到，通过使获胜的意见成为现实。

> 公众的意见以通过在雷克雅未克的一个艺术博物馆提供一个开放的论坛的形式被征求，在2005年9月29日到10月1日。9月，在博物馆有一个展览[**你想要怎样的城市**]，关于规划和雷克雅未克的规划历史，这个展览成了开放论坛的背景。估计观众对于城市环境的喜好与如何分配在瓦腾斯梅里的土地得到了强调。另外，它提供了两条路线去查询对于这块区域自然和文化遗产的态度。参加者通过报纸上和收音机里突出的广告接收邀请。（雷克雅未克，2007：28）

估计有五百人参加了雷克雅未克艺术博物馆为期两天的咨询日。一些参加者表现得很积极，并且提供了意见和建议，这些被包括在与纲要相联系的文件中（雷克雅未克，2007：28）：

• 瓦腾斯梅里的城市发展应该是稠密的和混合的，与雷克雅未克的中心或是欧洲的城市中心类似。总的来说，在参赛者中间有倾向于谦逊的建筑高度，同时很少人想要非常高的建筑。

• 瓦腾斯梅里应该额外地对居民提供文化和教育。文化、建筑和服务的多样性受到欢迎。

• 将与附近室外的娱乐区域有良好联系的、受庇护和有吸引力的公共空间包括进来的发展十分重要。

• 对人行、骑自行车和公众交通应该日益增加的强调。

• 自然和文化遗产应该被尊重。

对于参赛者来说，文件应该包括有用的信息，关于居住模式、密度、相对性地标、城市环境愿景、开放和娱乐性区域，以及其他规划性意见。在比赛之前，有一系列和坐落在与瓦腾斯梅里区域相邻的公司和机构的见面会。这些见面会的目的（会议的每分钟都被记录在文件“利益相关的会议”中）是为了显示当地对于发展和这个项目可能提供的机会的一种态度，是为了获得参赛者的信息。这些意见也被包括在参赛的纲要中（雷克雅未克，2007：28—29）：

• 在瓦腾斯梅里倾向高密度的发展，并且这也会提供服务和离工作地和学校较近的机会。

• 在瓦腾斯梅里的商业和机构应该专注于知识和创新。

• 场地内的相互联系十分重要，强大到激励不同团体的协同效应和对服务的可达度。这些链接至少应该由公共交通、人行道、自行车道来提供。

• 与城市中心的强联系十分重要，因为那里提供的文化和服务。这些可以由拓展大湖、绿色区域或者南部的林荫大道来改变。

• 瓦腾斯梅里的发展应该成为活力城市生活的地方，这由质量和多样性决定。它应该是有趣的、重点的和值得一提的。它应该涉及本地的特质和考虑到本地的气候。

## 公众参与的类型

劳伦斯和杰弗里断言：“一个好的方法程序产生一个好的结果，

更好的方法程序会产生更好的结果。”（Lawrence Susskind and Jeffrey Cruikshank，2001：24）根据阿恩斯坦（Sherry Arnstein，1969，引自Steiner and Butler，2007：32），在20世纪60年代，从最大到最小的参与度有八种不同形式的参与：(1) 公民控制，(2) 授权，(3) 考虑到不同等级公民权力的合作，(4) 安抚，(5) 咨询，(6) 装点门面的信息层次，(7) 观察，(8) 操纵。

“公众参与国际协会”（IAP，2007）开发了一个等级的谱，有五种程度的公众的影响：

1. **告知**。在理解问题、选择、机会或是措施上，为公众提供信息和帮助。技术：实际的版面、网络和开放的房子。

2. **咨询**。为了获得公众在分析、选择或是方法上的回馈。技术：公众的评价、焦点小组、调研和公众会议。

3. **参加**。与公众直接的交流来确保公众的顾虑和心愿能够一直被理解和考虑到。技术：工作间和协商性投票。

4. **合作**。在决定中的每一个部分与公众合作，包括选择决策的发展和对更受欢迎措施的鉴定。技术：市民顾问委员会、和谐的建筑和作出参与性的决定。

5. **授权**。将最终选择的决定权放置在人们手中。技术：市民评委、投票和委托性的决定。

## 将人在设计方法程序中囊括进来的技术

有许多形式的公众的咨询，由强制性的会议到充分策划好的事件。关于让人参加的许多技术已经被创造并付诸实践，并且在英国、美国和加拿大，作为镇会议的传统，这些年被细化（Platt，1991）。具体的技术、已定义的规则和应用性实践在这些年不断进化（Creighton，1981，1992，2005；Faga，2006；Steiner，2008；Dobbins，2009）。

一些原则性的公众参与的技术与在这本书里之前呈现的是一样的（见第二章）。例如，**任务小组和市民顾问委员会**，可以随着整个过程起到不同的作用。在过程的早期阶段，一个专责小组可以基于志愿性的原则行动，或者由机构的规划者来创造，或者由负责任的规划师来建立一个项目总体的目标或主题（Gil and Lucchsci，1797）。市民的顾问协会会提供建议，为城市规划师和设计师，与规划有关，在整个过程中或是过程的一个单独阶段。

在规划过程的一开始，囊括公众的几乎所有的技术都可以被采纳，来支持规划师和在整个过程中创造一个不受打扰的交流对话。建立这种连续交流的最为通常的一些技术如下：

• 焦点群体。社会科学家、设计师、规划师要求焦点群体去确定和评价关于问题的公众观点和意见以帮助确定目标："一个焦点群体由七到十个人组成，彼此不熟悉，但是有着相同的背景。焦点群体的成员被带到一起，通常是两小时的会议，在一个安静私密的房间，由一个有经验的主持引导，并关注讨论，通过询问每组成员开放式的问题。"（Leach，1992，引自Steiner，2008：31—32）

• 德尔菲和德尔菲政策。德尔菲政策在19世纪50年代被兰德公司发明，作为一种预报性的技术。这是一种强有力的依靠专家的技术。八至十二人一个组的专家被要求去预测一个项目和问题的未来。这些预言被编译和分散给小组，在没有确定作者的情况下。这个小组研究了其他专家的文件，所有的专家被给予了改变他们自己预言的机会。过程会一直进行到小组成员达成一种共识，或者坚守他们的预言(Steiner，2008)。德尔菲政策源自传统的德尔菲，但是后来却被无名氏修改，在德尔菲政策中，专家开放地进行交流。

• 镇会议。公众会议是难以管理的，尤其是规划师将这种技术视为一种去咨询而不是告知的途径。《关于规划和设计安全城市环境的工作导则》，由多伦多的城市安全协会(1992：8—9)提出，制定了一些关于公众会议的实际的和明确的信息：

> 给育儿的父母以补偿，会议不要太晚(例如一次晚上7点至9点或9点30分的会议)，将会议安排在一个轮椅可以到达的地方，你会减少将女人、老年人和残障人排除在外的可能性。会议也许包括对规划的回顾……对现存社区的一个安全性的审计[或是与设计意图有关的其他话题]并且/或者将问题放置在项目的具体领域中。如果你想要得到社区团体的答复而不是忙活于一个解决任何事情的笼统会议，你最好带着具体的问题前去……事先想想与分发和视觉材料有关的文学性问题是一个好的方法。通常，对于非专业的人来说，场地的方案看起来太复杂……颜色可以被用来加强关键点……期待人们从他们提出问题的地方提出解决措施是一个不错的主意。这些都会减少非焦点性问题，并且告诉人们咨询远胜于一个无意义的练习。

• 工作室。一个工作室或是专家研讨会是一个更大程序的中心事件，[被称作]“动态的计划”，一个多日的、合作的计划和规划，以一个到达可理解的、可见的方案为目标……一个专家研讨会包括多学科的专业团队来研发一个方案的所有要素。这个团队与风险承担者紧密地合作着。它以一种闲散的时间，将所有决定的制定者聚集在一起，来制定出一个解决措施，能使它成为规划者工具箱里最为有力量的技术（国家专家研讨会学会，引自 steiner and bulter，2007：41）。

一个工作室最基本的要素如以下所示：

- 由组织者收集的信息需要提前准备并且在参加者之间分享。
- 所有的利益群体必须从一开始来参加。
- 工作室需要两到七天的时间，这取决于问题的性质和它的困难程度。
- 工作室必须产生一个可行的规划。
- 设计被用来实现一个共同的愿景。

一个工作室在很短的时间内实现不同群体和个人之间的意见统一非常有效。它提供了一种有效的途径来解决不同群体、政府机构和私人单位之间的僵局。这项技术可以被用来减少作决定及从专家和门外汉中获取观点的时间。

- **其他技术**。在更广泛互联网的使用下，现在使人参与的更多技术变得可行。其中一些技术在“人民与参与网”（http：//www.peopleandparticipation.net）上有简述，一个由英国社区和本地政府部（社区授权部门）、公正部（民主授权分支）和可持续性发展委员会成立的网站。这个网站基于同样名字（包括2005年）的一本书而建立，其目标是作为全世界的参赛信息和创意中心的门户。这些技术包括如下：

- **e面板**。一种为了委员会和其他组织与已知市民群体执行日常在线询问的方式。
- **网络交流**。这是一种在线的讨论，与一小部分事先选好的、给予了注册和密码的参加者。网络交谈可以被任何人看到，注册通常要求捐钱，或许对一些群体有限制。
- **在线咨询**。这种类型的咨询利用网络询问一组人对事情（通常是政策的生成阶段）的观点。接受主题信息和允许在网上下载的参与人数是不受限制的，接着被要求通过电子邮件来回复或在网站上给予评价。
- **博客**。博客提供了一种更快、更直接的方式来将信息传播给更多的公众和固定的群体。许多博客要求读者在内容上做评论，所以在场地的拜访者间，博客成为了一个持续交流的场地。博客在公众参与中起到了一个重要的作用，伴随着更多传统的技术，例如工作室。

**改变生产的场地：工作室**

在1999年到2000年间，地区计划协会和米兰工艺学校组织了一次集会去检验美国和意大利的经验，在纽约和米兰都市地区有着未充分利用的场地和废旧基础设施的更新（Fossa et al., 2002）。不仅仅是在美国和意大利专家间提供一种信息和场地的交换，座谈会的结构使参赛者能够探索问题，通过三种合并在纽约（10月16—22日，1999）和米兰（4月9—16日，2000）都市区的工作室。这六个工作室中的每一个，都是一个多样化的团队，有着十五名意大利和美国建筑师、城市规划师和设计师，与本地的客户合作来生成关于一个场地和工业化地区一个具体的、可用的方案。这些方案是四天密集的观光、与本地利益群体见面会和团队合作的产物。每个结果被展示在每个地点的公众会议上和最终成员委员会的全体大会上。

三个纽约都市区工作室关注于纽约的长岛市、科霍斯以及新泽西的拉里坦。

- **纽约长岛市：**正如许多其他的城市制造业，商业性印刷产生在一个复杂的环境，在那里有相互独立的客户，图画解释艺术家、经纪人、出版人每日进行互动。随着时间的推移，这种集聚性的经济在曼哈顿下城特殊的街区扎根。正在上升的实际房价正在扰乱这个城市的社会生态。这个工作室团队调查了一个印刷的新中心如何在长岛市被创造出来，一个横跨纽约城东河的产业型社区（见图6.3）。
- **纽约科霍斯：**在1837年，美国最大的棉花生产厂家建立在墨霍克和哈德森河流的交汇处。有着828 821平方英尺的（77 000平方米）的复杂物“和谐厂”和上千家公司单位拥有的住房，让霍克斯成为一个

图6.3　纽约长岛市（达尼洛・帕拉佐摄）

典型的公司城镇和美国工业改革的一块基石(见图6.4)。尽管这个丰富的历史现在以一个州城市文化公园的规划来纪念,但工厂本身只有50%被占据并且年久失修。这个工作室的目标是寻找新的产业,与工厂19世纪的建筑、城镇的旅游潜力和居民对于仍然被占据为工作用途的住房的需求相匹配。

- **新泽西拉里坦:** 和纽约都市地区的其他小城市一样,拉里坦是依托于铁轨兴起的。拉里坦河和沿着它的曾经是城市生命线的羊毛厂。随着时间的发展,轨道不仅仅支持到纽约城的通勤者,也支持工业。这两个工业场地相邻却在相反的轨道上,它是这家工作室的关注点。场地同时面临着日益增长的再发展的压力。这些场地一起代表着一系列城市规划和设计的问题,影响沿着铁路沿线的工业遗产。

图6.4　纽约科霍斯(达尼洛·帕拉佐摄)

米兰都市地区三个工作地点是热那亚港（米兰）、蒙扎、瓦尔泰利纳（松得里奥）。

- **米兰热那亚港**：临近米兰的历史和商业中性，这个位于前工业区域的没有被充分利用的铁轨和站点，对于整个城市来说，是一次重要的再发展的机会。这块场地就在米兰的历史中心外，紧邻纳维格力（运河）和一个区域性的农业公园。在许多欧洲西方国家，旧的轨道后院是非常常见的问题。

- **蒙扎**：蒙扎是以一个有着1.2万居民的城市，沿着兰布罗河分布，就在米兰的东北。它悠久的历史可追溯到公元前1600年，当时兰布罗的国王西奥德林达建立了一个居住地和永久屹立的教堂。工作室为一个曾经的屠宰场和监狱发现了新的用途。这些所有的结构分布在混合使用的区域，紧邻城市的历史中心，在很大程度上被废弃了，唯一的用途是一个动物的交易市场，每年一次，占据了屠宰场的一部分。

- **松得里奥的瓦尔泰利纳**。坐落在阿尔卑斯山的基部，瓦尔泰利纳是一个重要的河谷，以它的水力发电厂和葡萄园闻名。在冬天和夏天，是旅游胜地。在第二次世界大战后，小型和中型的企业竞相开办。这些企业的大部分沿着主要的高速和阿达河分布。然而，这个产业和管理系统却在最近的经济转型中遭殃，导致产业性建筑遭到了遗弃。这个设计研究审查如何将一个新的高速公路整合进瓦尔泰利纳的景观和经济中。

在工作室已经有了具体的结果，并且引发了新的探索计划这一期间，规划生成了。最重要的是，长岛市提供的工作室来帮助女王自治镇生成城市规划政策，来鼓励生产性质的再利用。这些政策加强了在水

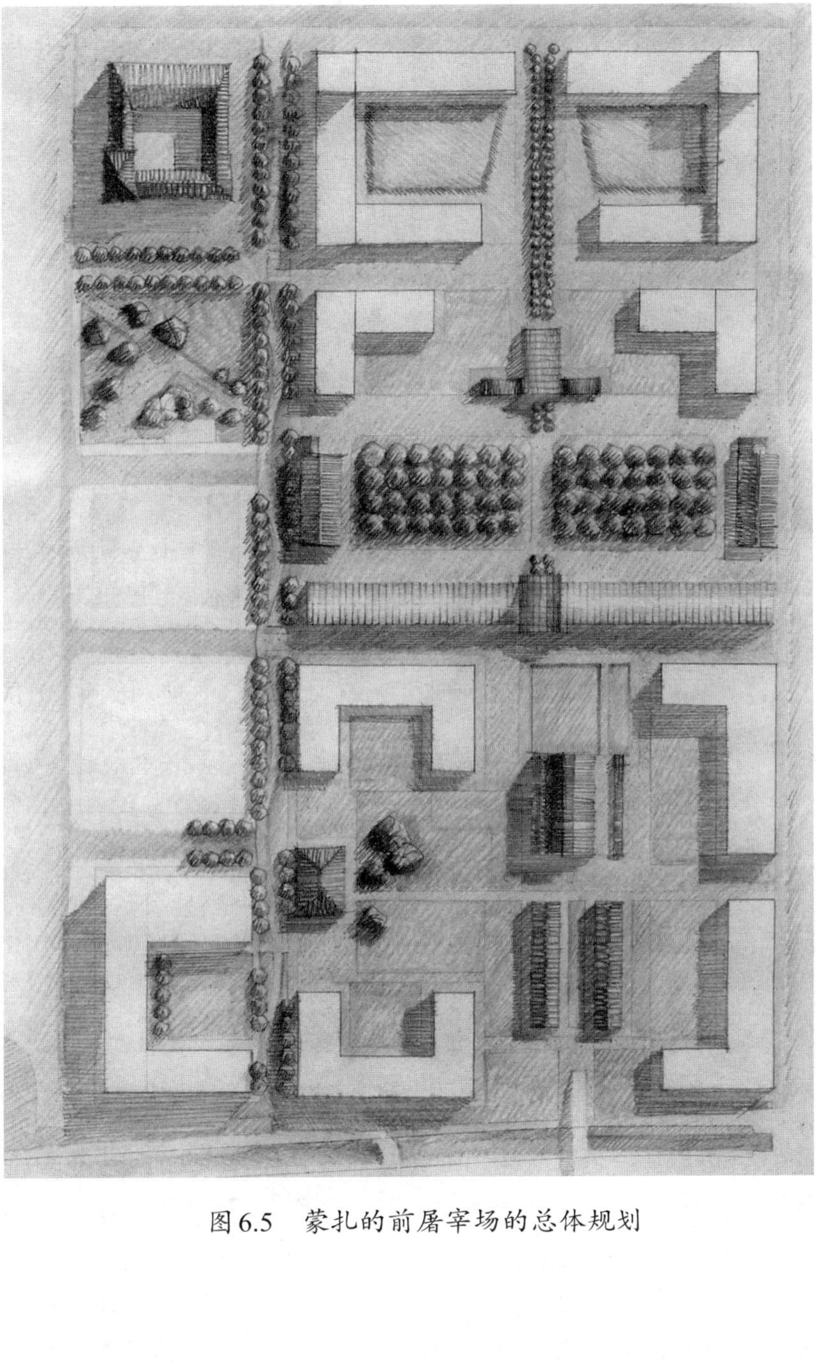

图6.5　蒙扎的前屠宰场的总体规划

边公共空间和从回收的恩光堂荒废地区的联系，以及女王自治镇与曼哈顿地区城市风光相反的视觉印象。在拉里坦，这个市采纳了由工作室为了复兴铁轨地区产业而生成的规划。在科霍斯，这个区域财产的主人接受了来自工作室的意见，重新利用原来的棉花工厂作为高科技的综合体。他将项目展示给市政当局，并且被接受了，因此解决了一个关于遗弃了很多年的建筑的问题。

热那亚港工作室成了米兰城市规划部门的基地，来精心制作关于评价区域内新的城市方案的具体标准。在蒙扎，市政府给了米兰工学院实施工作室成果的任务，从一个暂时性的规划到一个前屠宰场地区的总规划方案（见图6.5）。在瓦尔泰利纳，伦巴蒂大区政府的一个在两个工作室区域的关于新高速公路的项目，根据工作室的设计结果进行了专门的调整。这个改变尊重了农业和环境的价值，以及沿河地区抗洪区域绿道的潜力。

## 小　结

一个城市规划成功的两个标准是收到了何种回馈，首先是客户，最终是那些受到规划影响的人：那些在新城市地区生活、工作或是娱乐的人。一种方式确保人们会喜欢一个城市的规划，是让他们在规划指定的时候参加。为了这样，规划师必须乐意参与到交流对话中，必然是跟客户，但更多也是和更广泛的大众。由生态理解形成的对话，可以为提高地球的可持续性做出巨大的贡献，通过将地区性的决定与区域和全球的进程联系起来。这样一个对话会对一个成功的总方案有重要的贡献。

# 第七章
# 总体规划

总体规划是城市设计项目的最终产物。它将之前所有的设计步骤综合起来并以有组织的方式介绍它们。虽然具体情况决定总体规划的范围和内容，但是大多数规划都具有相同的特征和功能。总体规划描述和展示了研究区域总体发展的思路，包括现在和未来的可视化、土地利用配置、设计指南、种植面积和公共空间、建筑形式、基础设施和服务的提供。

总体规划的详细水平将根据项目的规模、任务性质、场地及其价值的特异性决定，它的复杂性由环境、社会和文化条件（先决条件）决定。总体规划的差异取决于各国不同的规划系统，例如在美国的州与州之间的不同的规划系统（见第十章）。总体规划可以提供一种手段来实施全面的规划，甚至可以成为一种地区性的规划。在其他情况下，总体规划可以作为一种常规的规划方式来为详细规划做准备（见第九章），并通过设计准则和其他工具来实现。

## 总体规划的起源

总体规划这个术语是20世纪20年代在美国被创造的，是用来表达“通过单一的计划来描述一个连贯、统一的城市愿景”的工具（Abbott，1985：2）。爱德华·巴塞特说：“‘总体规划’的术语出现后，规划委员会就成立了。”（1938：67）二十五年前（1915年左右）还没有人听说过它。但从那时开始，对社区规划增长的重视使得人们根据法律成立了这个委员会。雷德里克·劳·小奥姆斯特德被公认为是在20世纪的城市规划实践中彻底改变城市形态的先驱。小奥姆斯特德与丹尼尔·伯纳姆、本杰明·马什、约翰·诺伦一起，创造了联系起整个城市的规划工具，来代替如道路网络、城市公园或水利系统的部分工具。

根据马克·阿伯特（1985：2—5）：

> 总体规划的结合不仅仅是一种将广泛的地图、“规划前后”的绘图和包含在规划里的重点说明这些内容聚集在一起的简单方式。规划的结合是一些观点的表达。规划的约束力是设计的表达。它充当一个信念的发言者，这个信念是，城市可以形成一个带有特定结构和特点的清晰、单一和可识别的实体。奥姆斯特德和他的同事认为，总体规划远远超过其他解决城市问题的方法，对他们而言，总体规划象征着一个思考世界的全新途径。该规划旨在解决人类所面临的问题。总体规划意味着城市居民并不仅仅作为个人，而是作为公民、作为城市的成员而生活。规划是一种公共的资源，代表公民有意识地选择理想居住形式。

总体规划的主旨是引导城市在物理上和社会上改变。该工具是适用于各种实际情况、尺寸、规模和时间背景。总体规划"是控制城市环境可能性的一项说明……为社区下定义……不单作为被动的地理条件或共同的信仰和习俗的分享，也是你与同胞共同塑造城市的一个（部分的）积极的方法程序。对于总规划师来说，现有的公开文件，总体规划属于全体公民……［总体规划］代表所有人的共同目标"（Abbott，1985：5）。

阿伯特（1985）描述了美国从总体规划开始到20世纪秋季发生的改变。他强调逐渐取消应用于城市规划的物理尺寸，并且从20世纪60年代开始，放弃将总体规划作为控制城市和社区的综合性工具。虽然总体规划已被其他城市管理和治理工具取代，但它仍是持久的城市设计项目。

总体规划能够通过在城市规划、其他战略规划文件和建筑设计中描述物理配置，引导人们改造城市和大都市地区的规则选择。它还提供了一个可视化的城市设计项目，并且可以被视为一个城市规划和一个建筑项目之间的链接。

城市设计中，总体规划代表最终文件，在这个文件中描述和展示了决定性建议。一个简洁的总体规划也作为城市规划的一种工具，用于评估城市规划提出的物理形式，如规划所建议的。

《规划：提供一个根本性的变化》，即"规划绿皮书"，由英国政府运输部、地方政府和行政区在2001年发行，鼓励"提高发展质量的总体规划"（要点5.5，第29页）。几页之后，该文件指出，总体规划可以恰当地用于大型场地："大型场地需要一段时间才能规划好。它们对我们的目标十分重要，涉及当地居民在规划社区的未来和高质量的发展。总体规划通过清楚地指示性质、类型和设计的发展预期，可以帮助加快特定地区的规划进程”（要点5.39，第39页）。

## 总体规划的特点和目标

关键的规划特征不断进化，可以概括如下：

- “**可视化**”如何选择影响城市改造的实际情况。总体规划的这一部分通过文字及图片表达主要设计想法，以方便将它们传递给公众。这也可以被视为一种在设想方法程序中回归社区建议制定过程（见第五章）。

- 为了实现并评估共同的价值观念，当地居民的“**积极参与**”（见第二章）被运用在程序的一开始和伴随着整个设计程序的发展，来实现和评估整个方法程序中的一系列精神上的价值取向。整个设计开发步骤（见第六章）。总体规划需要描述的价值观和目标建立将如何完全或部分实现。

- 考虑到现场及其周围地区的**环境和生态特征**，“预测出体积和城市环境预期”的限制和可能性（见第四章），这预示着未来场地应如何解决人类所面临的挑战，包括气候变化、减少对化石燃料的依赖、城市化进程、粮食生产等。

- “实施规划的规则”，必须考虑公众和行政机构和个人参与，以及实施规划年限前后对相关社区的影响。

在美国，总体规划比其他国家更为复杂且成熟。正如“新城市主义建筑师和规划师”项目（Calthorpe，1993；Duany and Plater-Zyberk，1997；Calthorpe and Fulton，2001）以及其他倡议性机构（区域规划协会，1998；区域中心合作伙伴萨默塞特郡等，1999）所表明的。在欧洲，总体规划的使用在英国最常见，然而它更广泛地扩散在其他国家。

总体规划的主要目的可归纳如下：

- 它**定义**经济价值观，就是通过个人和公共群体的会议和对话，对个人（例如提高房地产价值的形式）和整个社会产生利益，它的出现有社会和环境的形式，例如，一个安全的地方，再生潜能，和/或减少能源使用（Carmona，Magalhães and Edwards，2002）。
- **细化**功能、尺寸、类型和功能特点、设施的提供，以及公共和私人之间潜在的相互配合。
- 它**认识**到，潜在作用是场地可以由开发商开发，加上公共机构或非政府组织，或独立通过各种安排和协定。
- 它**构建**了一个框架，将设计师的项目假设与城市政策、已通过的基础设施计划以及现有社区服务和交通运输网络相连接。
- 它**提供**了改造完成后的城市环境预期（通过影像和描述）。
- 它**明确**了后续的建筑和景观设计，以及总体规划详细介绍的“规则”。更多的客户需要控制转换，或者当事人与设计师相信整个总体规划的意义和思想可以被单体建筑和特定开放区域的设计改变，所以会出现更为严格的规则。这些规则可以考虑下列主题：
    - 建筑需要维护、拆除、改造
    - 建筑高度和它们之间的距离
    - 单一和混合功能，包括互补性
    - 空间角色和层次结构
    - 定位和设施规模
    - 植物和颜料在户外的颜色
    - 标志和街道家具标准化

- 与较大城市和更广泛区域有关的场地和特色

根据城市课题小组（1999：73）：

空间总体规划是促进城市发展的综合设计方法。不同于传统的二维分区规划（一般简单定义区域使用、密度标准和访问安排），在“空间”总体规划建立了一个三维的建筑框架和公共空间。这是一个更复杂的视觉“模式”：

- 允许我们了解建筑物之间的公共空间，就像它们被建造之前；
- 展示了街道、广场和附近开放空间是如何衔接的；
- 定义了大部分建筑物的高度、体量（但不是建筑风格或详细设计）；
- 控制建筑和公共空间之间的关系；
- 决定功能分区，以及这些分区是否与街道相连；
- 控制人们步行、骑行、自驾、公共交通的动态网络模式；
- 标明的街头设施、照明和环境美化的位置；
- 允许我们了解一个新的城市居民是如何与周边城市环境和自然环境形成良好的整体。

如在前面的章节中，总体规划的概念要求一系列专业人士的参与，包括当事人、常用机构的工作人员和公众。专家组的大小和能力取决于场地的具体情况、可用资源（时间和金钱摆在首位）、城市设计师对场地的理解与情感、给定的任务。总体规划文件可能还需要平面设计师的专业知识及与其他专家更好地沟通设计内容（见第八章）。

在美国，**总体规划**这个术语是用于定义管理城市发展和转型的总体和全面的规划工具，它重点强调的是设计。这是通常指称“**项目规划**”。城市规模总体规划的内容通常由国家法律明确规定。例如，马萨诸塞州政府管理的一般法律“城市、城镇和地区”中，“城市、乡镇和区的官员和员工：市政规划的改进方法”（见http：//www.mass.gov/legis/laws/mgl/41—81d.htm）描述了总体规划的一般内容和如何适用于“城市或城镇的某部分或多部分”（第一部分，第七主题，第41章，第81d节）。

一个总体规划应该是一个声明，通过文字、地图、插图或其他形式沟通，其目的是为决策提供符合城市自然发展规律的依据。全面规划应当是在政策、预测和标准上内在一致的，并应包括以下要素：

1. 明确城市未来成长和发展最终目标的目标和政策声明。每个社区应通过公众互动的过程来确定社会的价值取向、目标和发展的模式与这些目标是一致的。

2. 确定土地利用现状并指定土地利用分布、地点、公共和私人土地利用关系的土地利用规划元素。

3. 能够识别和分析现有的、预测的包括保护、改善和建设方案的住房需求和目标的房屋元素。

4. 为促进或稳定当地经济基础和增加就业机会的确定政策和战略等经济发展因素。

5. 自然和文化资源要素提供了详细的自然、文化和历史资源领域的市政、政策和战略来保护和管理这些领域。

6. 开放空间及休闲娱乐设施元素提供了详细的自然、文化和历史资源领域的市政、政策和战略，来保护和管理这些领域。

7. 识别和分析现有的和预测公众设施和服务需求的服务和设施。

8. 提供现有的和建议的流通清单和运输系统的流通要素。

9. 实施方案要素是指被定义和安排的具体市政行动的要素，这些行动是为实现总体规划或研究规划的各个目标所必需的。在此元素中应详细说明计划扩建、更换公用设施和循环系统组件的内容及其预期成本，以及与这些活动相关的成果。

通过一项对从美国到欧洲和澳大利亚的总体规划内容的调查分析，一些共同的要素尽管出现了差异，但对于每一个自1995年起在几个国家不同规划类型的十一项总体规划的研究结果表明，他们使用了相似类型的内容和常见的图形词汇。①

## 总体规划的内容

最终的总体规划一般由一份报告及丰富的图像信息、地图、艺术家和计算机模拟、图表和其他视觉传播工具组成（见第八章）。在大多数情况下，总体规划由单独的一个图文结合的文档组成。标准格式通常是选择简化的打印和复制。但是，当设计团队使用的地图在小尺寸上很难读取信息时，也会采用其他格式。

总体规划应该是简洁而不丧失完整性的。一个主要由文字组成的读取性差的文件，可能不会被目标群众所接受。总体规划中的文字和图形演示必须方便并容易被理解，但也不应该刻意掩盖复杂的、有争议

① 回顾几个案例，参见Bristol Airport, 2006；City of Nottingham, 2001；HafenCity, Hamburg, 1999；Ballymun Regeneration Limited, 2004；Dublin Docklands Development Authority, 2008；Palazzo, 2002；Centre for Addiction and Mental Health, 2001—2002；University of Cincinnati, 1995/1999；Cesar Pelli & Associates and Balmori Associates, 1999；University of South Florida Polytechnic, 2009；Sydney Airport, 2009。

的问题。以下要素是大多数总体规划的共同点。

**执行摘要**

内容提要要用平实的语言描述总体规划的重点。

**简介**

包括总体规划准备的原因,设计师在深化一个城市设计中应用的进程概述,促进了该项目发展的私人和/或公共实体的商议内容,以及导致项目准备施行的法律、法规。简介也可包含该计划的实施方法和负责团队组成的简短描述。简介有时也提供了设想预览和城市设计项目的挑战,以求解决它们。

在某些情况下,总体规划是由管理者或机构主管所写的短短序言开始的,他们能确认规划内容并意识到自己在文档的发展和他们所代表的组织中的责任。

**目的与愿景**

总体规划可以对不同的经济、文化和环境目标作出反应。总体规划的这部分应该明确描述目标、动机和期望,并应包括直接参与了设计过程的客户或任何对项目感兴趣的团体未来的任何可能的需求,以及包括在官方计划或过程会议中获得的建议。愿景是一个简洁而色彩浓厚的规划意图的描述,如果设计者认为它有利于结果的分析,可以被记录在这里。

**一般背景**

在背景部分,场地首先是位于它所在的城市和地区环境之中。然后对它的尺寸、形态、现有建筑和环境特性进行描述。物理描述可以包含一些特殊数据,例如气候、地质、地形、水、土壤,植物和动物的信息。对于这些数据,应该包含其属性的特性,其中包括历史和目前的用途;

人口和经济预测；交通网络和停车；汽车、自行车和步行的通过性以及绿地。通常也包括城市规划信息，如政策的描述、计划和通过当地政府或私人商讨或施行的项目，这些可能会干扰或有利于总体规划。说明不必局限于场地面积。更广泛的城市特点和区域环境也是至关重要的。

**调查与分析**

总体规划介绍了项目的调查和分析的结果。解释分析结果，并且如果需要的话，整合的结果可以通过一种或多种可实现的合适技术来呈现（参见第四章）。规划的作者指定哪些分析应该被直接执行，哪些应该从其他来源得出。对于异常的调查结果，有必要用与报告其他部分同样的语气方式来解释分析结果，并在附录中附加完整的报告分析。实施案例可包括彻底的构成场地的建筑物的材料和结构劣化的分析；历史分析采用专门的档案，或在声污染、道路网络的性能及地面水域质量方面的技术和科学调查。

在一般情况下，调查和分析的目的应该是充实有关设计方面的知识，并且在某些情况下，来评价设计方案可能出现的后果。一个标准化的系统带来了很多对于总体规划最有用的元素。

**优质的设计**

这部分详细介绍项目本身和引导最终设计的方法程序，尤其是从整合的分析到目标和选项选择的各个步骤，根据各方面的交流以及生产的最终设计将它们转化为一个概念规划（见图7.1和图7.2）。当时被考虑到但事后可能被忽略的解决方案或选项可以在这里提及。最终设计可以依据项目的性质（交通、绿地、公共空间、保护区、建筑和密度）或整个场地的某些部分被分成很多主题。如果总体规划是一个长期任

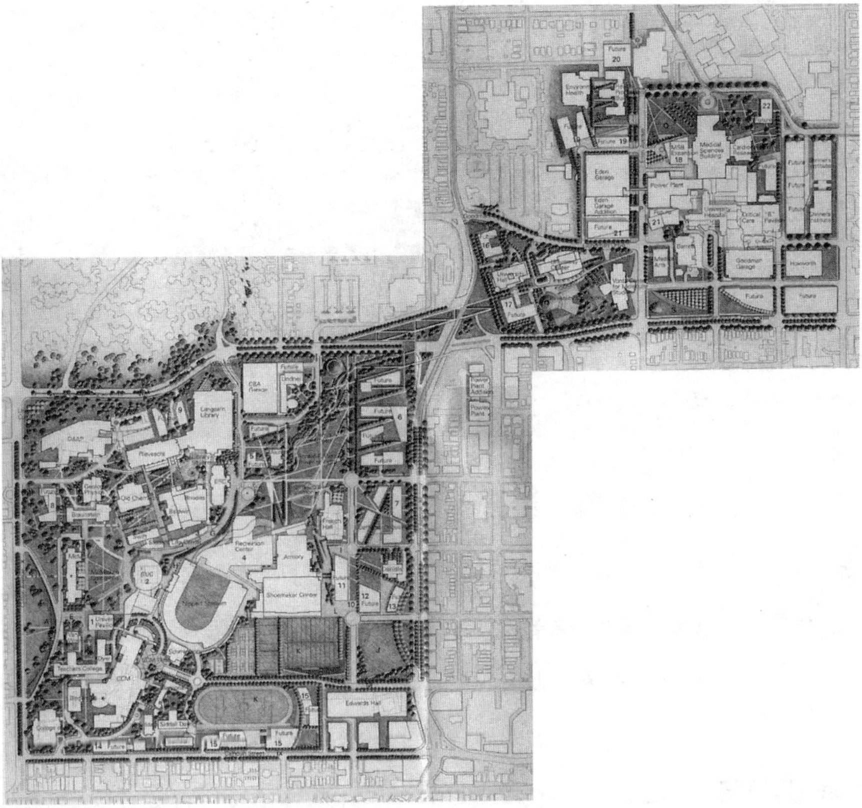


图7.1　哈格里夫斯事务所于2000年设计的辛辛那提大学总体规划（纽约哈格里夫斯事务所提供）

务，该项目可分成阶段性和具体的行动。

### 成本与实施

总体规划需要估算由设计所产生的成本和收入。估算包含地域的价值、开发成本和潜在的收益。总体规划提供了预算概要及其图表。

如果设计师或客户认为有必要，可以附加一个完整的财务报告。资金的可能来源可能被记录下来。实施步骤应包括官方协议、审批、认证和必要的总体规划的审查。

图 7.2　得克萨斯大学奥斯丁分校的校园总体规划

## 其他部分

以下某些特定部分可以根据设计者、客户或委托的性质被添加，来协助总体规划的完成。

### 设计指导

这部分包含关于绿地（植物细节）、公共场所的街道设施（长椅和照明系统）、铺路和建筑（高度、宽度和距离）的详细信息。设计指导的目的是为详细研究以及建筑和景观设计项目提供规则。

### 总体规划的可视化

这些可以是叙述、图像或实体模型，通过使用交流工具来刺激情绪和想法，以提高对项目的关注（见图 7.3 和图 7.4）。一个对于场地的构想静态或动态的视觉描述或比例模型的好的叙述说明，可以比单纯的技术描述完成得更多（见第八章）。

**建筑类型学研究**

建筑类型学研究或将成为证明建筑在总体规划中能否满足客户需求的必要途径。总体规划为设计开发建立了“规则”，但它也必须说明怎样去应用这些规则。

**案例研究**

案例研究提供了非常有说服力的先例。可对比的案例不仅可以指导设计师，而且还可以为客户和公众提供帮助。在总体规划的案例研究中应该包括位置、实现预期、面积、功能和它们的比重、实施的方法以及项目费用（见专栏4.2）。

**附录**

附件通常包括未包含在总体规划中的以下文件：

- 设计团队成员与他们的背景和资历的清单
- 在此过程中由设计者（或其他专家）编写的设计文件扩展版本
- 完整的项目解释
- 日记和（或）所有的会议记录
- 管理文件，如审议、账单、预算或协议
- 与总体规划有关的主体之间的一致性（公布必须通过通信双方的同意）
- 有关各方之间的任何协议草案
- 完整版的相关法律和政策
- 参考引文

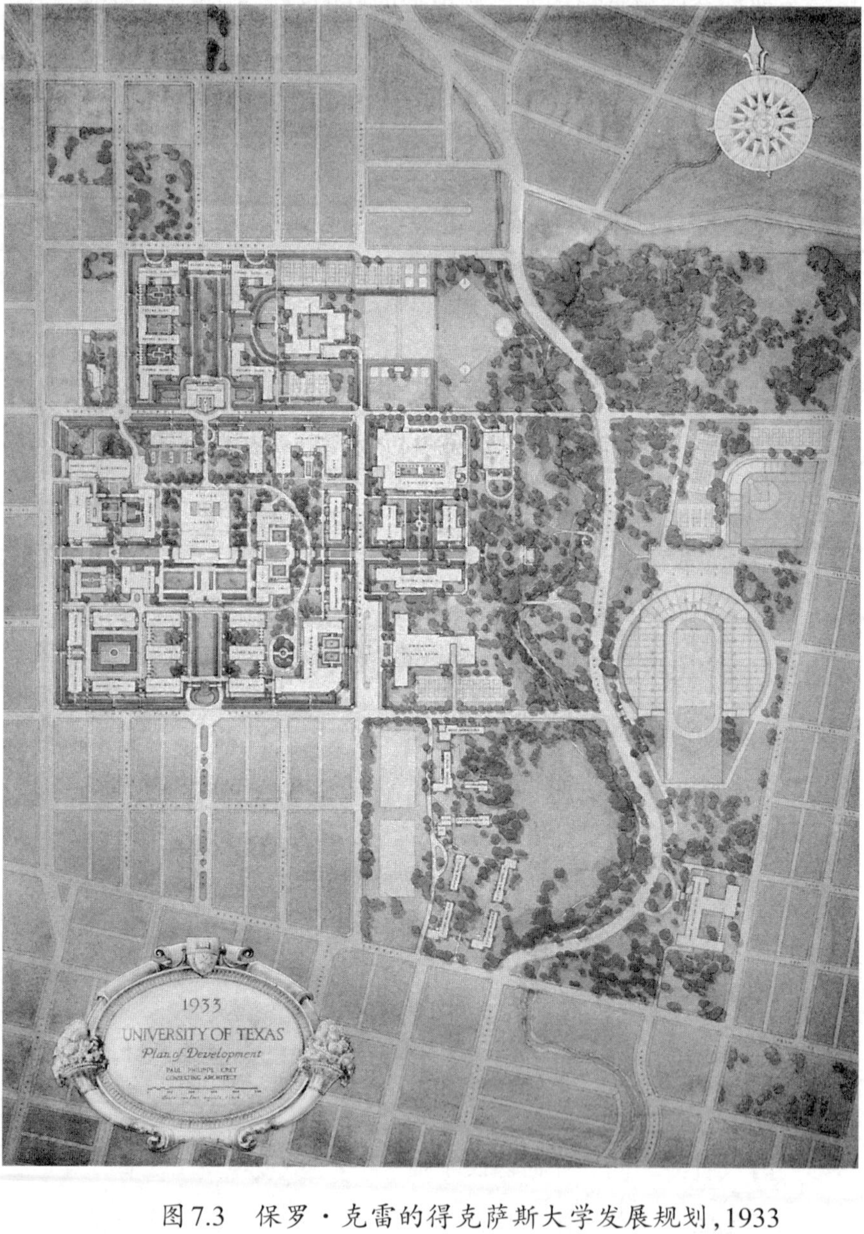


图7.3　保罗·克雷的得克萨斯大学发展规划，1933

图 7.4　蒙扎的前屠宰场公园区域的视图

整个文件、附录和地图可以保存在CD-ROM或DVD中，并且可以包含在报告中或被解压释放出来。在总体规划公布后，设计人员可以将所有文件的副本上传到网站以供下载。

## 小　结

除了记录程序和提出设计方案，总体规划还是一种沟通工具，来指导如何使设计得以实现。一个总体规划可以促使每个人都参与到项目中来支持它的实现。

# 第八章
## 展示汇报

设计师们交流了最终城市设计项目方案，并通过演示的方式将设计方案展示给感兴趣的各方。

一次市中心管理会议上，在被问及相关传统城市设计理念时，英国规划学者彼得·霍尔爵士说："城市设计理念不应当被束缚在旧的设计理念中——生产出漂亮的图纸挂在墙上。"(Madanipour，1996：97）城市设计包含的不只是完美的图纸；相反，它涉及巨大的城市挑战。然而，一项设计如何呈现和项目本身同样重要，尤其是涉及图纸交流的时候，传输的媒介常常是信息。一项好的设计若没有展示好，就会没有一项普通但展示得比较好的设计站得住脚。另一方面，好的呈现方式不能弥补不好的设计理念。项目设计过程中通过特殊的方式，依靠项目中好的设计材料可以达成有效的沟通。

通过总体规划交流一个城市设计项目时，设计者必须明白口头交流、PPT、其他电脑演示方案、书面报告以及海报之间存在的差异。重要的是要了解哪种方式是最有效的，以及如何采用物理或虚拟模型和/或设计模拟。

在很大程度上，这样的有效性是由信息旨在服务的听众的清晰观念所决定的。对于听众的了解有助于形成语言、表格以及陈述内容。一个项目可以陈述给公众、私人客户、竞标委员会，以及由政府官员组成的委员会。设计者们需要选择恰当的陈述方法适应不同听众的需求。流露的信息需要适应听众的职业素养和他们的期望。比如说，这样做是没用的，在公众会议上描述所有分析和调查的细节，或者相反的，在规划委员会面前避免陈述细节和详细信息。在这个阶段，为解决不一致的意见，考虑先前设计过程中的会议也是很重要的。

在陈述城市设计理念中，三种最频繁使用的媒介：(1) 总结报告；(2) 口头陈述、PPT 和视频呈现；(3) 海报。每种方式都既有优势又有局限性，比如，报告不能代替结合一系列幻灯片的口头陈述，海报应当充分发挥它的潜能。总结报告是以书面文字和图像的方式呈现设计理念的。互联网能够将一份报告可视化地传送给现实世界的任何人，同时任何人在任何地方可将报告的全部内容或部分内容打印或者阅读。无论采用哪种媒介，设计方案应当以一种明确的、清楚的、简洁的、总括的方式予以描述。

演示文稿通常要求以描述图像的方式展示。如果没有陈述者单看幻灯片会显得单调乏味。除了陈述者现场演示文稿，幻灯片的演示还应包括音乐或者记录评语。

海报的陈述没有评论员，就相当于以一种静态的方式陈述报告，不同于幻灯片以动态的方式陈述。海报可以通过大幅面的图像陈述，具有一定方面的优势。在陈述的过程中还可以给予评论和解说，但是海报的特质应当使用图像和少量的文字去概括一个项目。在城市设计竞标中，应当包括特定数量的海报，例如：一个场地的项目规划视图；整个项目的全部图像（透视图、蒙太奇照片、模型图片、透视远景或者图纸）；概念描述，以及进一步解释项目的图画和图表。

## 总 报 告

总体规划，像第七章描述的一样，包括所有元素。一个总报告应来自以陈述为目的的更详细的总体规划。总报告应当包括与总体规划相同的一些或许多部分，包括以下内容（引自 Carter，2007：11）：

• 执行概要。概要应当以少量篇幅呈现设计的“主要理念”、方法以及结果输出。

• 策略、过程和方法。设计师应当描述出发点、过程以及其间使用的方法。

• 存在条件。报告的这部分文档记录了相关生态学、社会学和经济学的特性。

• 分析。包括原始调查的结果、分析的结果、综述以及有关现有条件的综合，都通过图表、地图、图画或其他媒介呈现。

• 目标和目的。项目的目标取决于设计过程中采用的方法（例如，参与性的、自上而下的、探究性的）。如果设计过程局限于客户和设计者的交流之中，目标需着眼于特殊需求。如果设计过程是公开的，原始客户的需求会由产生于正式或者非正式会议产生的问题而进一步拓宽。

• 中意的设计。设计呈现了二维图纸和项目最终方案的三维设计愿景，并伴之以项目陈述，根据具体情况，由明确阶段、实施形式、参与者和时间表组成的发展计划。

• 设计的指导方针。城市设计项目包括设计细节的建议、替代方案、建筑设计风格、开放空间的处理，以及资源节约的措施。

总的来说，总报告应当是清晰简洁的。总报告在项目执行后应当包括或者描述成陈述日常生活故事的形式。描述项目将来的情况，能够帮助公众通过支撑视觉展示的语言来想象项目未来的情形。

有时候，创作这样一个报告是有必要的。在项目竞标中，报告以一个下定义的方式描述，通常是非常简短的。例如，在冰岛雷克雅未克瓦腾斯梅里国际机场地区（见第六章）的竞标设计时，设计规则需要三个A1格式的表（23.4—33.1英寸或594—841毫米），同时一份报告不超过一千个单词。在不怎么严格的情况下，尤其是一份报告面向广大读者的报告，可以允许有更多的图片，并且可以减少不违背一些基本规则的书写内容：

• 书写报告的人必须知道目标听众。

• 设计观点必须清晰地组织。

• 报告应该分成章、段落和子部分。

• 索引应当包含在相应的页码和摘要中。

• 部分改编自二手文献的资料应当区别于原始资料。

• 信息应当被合成图清晰地阐述。

• 大量文献是关于如何为各种观众服务（如Alley，1996；Sides，1999；Strunk and White，1999；Gustavii，2003；Davis，2005；Day and Gastel，2006）。

## 伊利诺伊州的山水文园

1868年，弗雷德里克·劳·奥姆斯特德爵士和沃克斯给河滨发展公司提出了一个关于伊利诺伊州山水文园的初步报告（见图8.1），这是关于郊区的一个早期例子，将自然特性变成一个完整的和日常生活的必要部分（见图8.2）。直到今天，伊利诺伊州山水文园依旧是郊区新社区如何设计的典范。

奥姆斯特德和沃克斯的初步报告是数据综合的很好例子。这份报告明确显示了环境知识如何成为设计一个特殊场地的方式。以下摘录自原报告（Olmsted and Vaux，1868）：

> 先生们：您曾经要求我们完成一份报告，一份您期望公之于众的关于一项事业的报告，这份报告似乎取决于以下理由：

图8.1　河滨发展公司

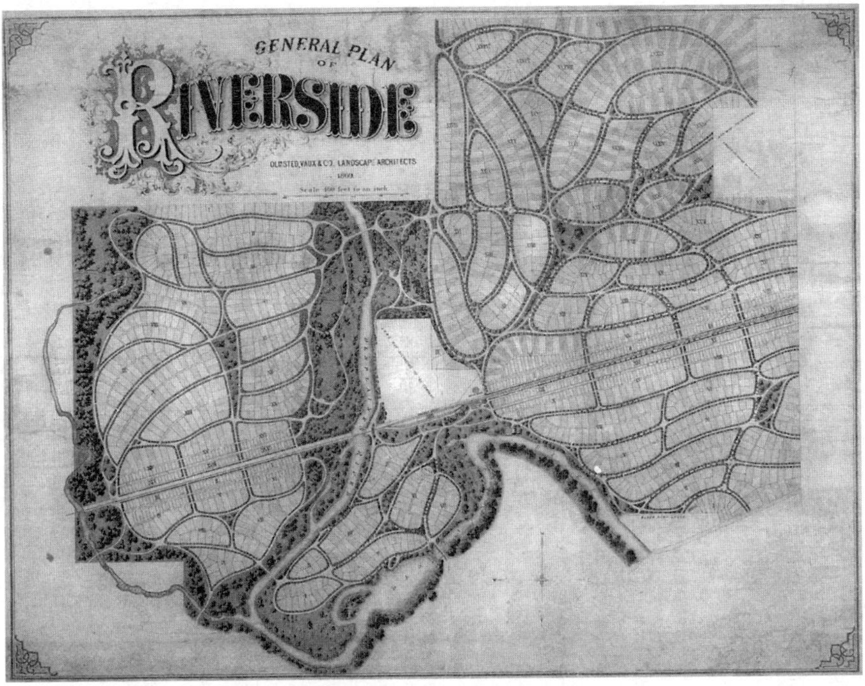


图8.2　山水文同的总体规划

第一，部分原因是由于芝加哥大部分地区地势低洼、平坦、脏乱、孤寂的特点……这座城市，到目前为止，还没有真正的郊区或区域有明显的结合城乡优势的长期发展前景。

第二，……在这种情况下，场地提供了任何已决定了的以及郊区住宅的长久的优势……

第三，您已经获得了大量的土地，远远超过了其他人，这已经是天然的优势。

第四，……很大程度上，依靠大量的支出，这些优势能够最大化地发展，并且能够辅以巨大的人工便利加以丰富……

我们建议审查这些理由，只要这些理由不是易于投入到感兴趣的观察测试中的重要事实……

在视野范围内，我们会继续考虑您地产的内在价值。可达性是第一个需要注意的问题……芝加哥的双轨铁路是个非常优秀的建筑，它是第一个位于市外的车站，在那里每一辆火车都要求在您所有的土地上中途停站……在您现在的地产旁边转站，我们发现它延伸2英里(3.22公里)到德普河岸上。在河边，土地的海拔高于邻近芝加哥的任何地方……我们得知在这片土地上有深河床的粘土；我们检测了几个点的下层土，但是无论检测哪里，我们发现地表有近距离的多孔层……

海拔越高的地区以及无处不在的河岸地带均被树林占据着……据说河水通常是非常清澈的，水里到处有鱼类和野禽，河里非常适宜悠闲地划船，并且这方面可以得到进一步的改善……

奥姆斯特德和沃克斯提供了简洁、必要的关于自然特征信息的场地描述，诸如水源、底土、树木、自然地理以及山水文园到芝加哥的可达性。然后定义了一些对建筑质量、公路距离、树种植园、景观改善的设计草案以及公共条款。

我们不能试图明智地掌控房子的样式，这应是男人们构建的，至多我们只能照料他们设计得非常丑陋且不适宜的房子，站在他们的立场上，他们也不应当被强迫接受他们并不愿意接受的我们的意见。我们可以要求不要将房子建设在有一定高度的高速公路上，并且我们坚持每个房屋持有人应当在房子和高速公路之间有两棵活的树。

> 这样一些简单的预防措施，加上一些雅致实用的遮荫树，以及其他沿着路边和公共场所的植被，几年后，将会使整个区域的绿化规划得到发展，无论多远的地区……如果这样一个郊区的总体规划，像建议提出的一样合理地设计，这个规划的特性也必然会体现，不仅指它的整洁或日常使用，而是以一种温和的方式体现整个区域风景如画的场面。(Olmsted and Vaux，1868：4—29)

奥姆斯特德和沃克斯的积极成果继续呈现目前的愿景（见图8.3）。山水文园是一个令人愉快的、有各类房屋类型的、枝叶茂盛的社区，并且有短勤火车去往芝加哥地区。

图8.3　伊利诺伊州山水文园，2004（达尼洛·帕拉佐摄）

## 口述、幻灯片及视频演示

对话和演示期间，幻灯片陈述是在城市、景观和建筑设计中最广泛使用的工具。演示是一系列的图像，包括文本、图、动画、视频和多媒体元素投影到大屏幕上。当普通软件包开始替代胶卷的透明幻灯片时，电子幻灯片的使用呈日渐增长之势。微软的PPT软件和苹果的Keynote成为了电子幻灯片标准。据BBC新闻杂志（2009年8月19日），在PPT软件出现第一个二十五年之后，全球共有5亿用户以及每天3000万的陈述者。

幻灯片如此广泛的应用主要是以下的原因：

• 经过任何简单的训练就能够制作。

• 界面设计强势，媒体可以数字格式利用（电影、数码照片、声音、文字、表格和效果图）。

• 光栅扫描图像可以很容易被导入。

• 实时图片和幻灯片可以修改。

• 幻灯片能够以电子邮件或者上传到网站的方式被快速传播。

不幸的是，这种工具的广泛应用与其同等应用程度的通信机制媒介是不对应的。幻灯片在视觉传达交流中具有权威性，爱德华·塔夫特（2003：5）作为一个对幻灯片带有强烈批评观点的学者，他提出“子弹稀释的想法”，并进一步指出：“演示效果的好坏基本上依靠演示内容的质量、相关性和文本完整性。演示能够获得进一步提高的方式是能包含较好的演示内容……［然而幻灯片的设计格式不会拯救空洞的内容。］”（22）幻灯片中存在明显的缺点并不少见，如以下几点：

• 过分地使用文本幻灯片以及相互之间转换的幻灯片。“观众很少抱怨幻灯片过少的装饰，却容易由于幻灯片太多而分心或者厌烦。观众有疑问时，增加了幻灯片的质量和密度，且减少了装饰的水平。幻灯片的重点应当更注重内容而降低其内容的艺术性。”(Gaskins，2007：17)。

• 不恰当的颜色搭配，特别是文本和背景的对比色（例如，浅灰色和深灰色搭配，或者红色的背景，黄色的字符，或者更糟糕的情况，或者相反的情况）。

• 太小或者太大的文本格式（这样首先挑战读者的眼睛；其次会限制所包含的信息）。

• 太多的类型样式和尺寸（这会带来幻灯片可读性的问题）。

• 幻灯片上有太多的文字（演示文稿并不是一个报告，读者不可能同时吸收冗长的文本、听陈述者的讲解，并且同时做笔记）。

• 幻灯片的信息被图形信息覆盖（特别是当使用good-for-anytime小片段的时候）。

• 贫乏的和/或标准化的图形设计（诸如灰色砂质背景的黑色Times New Roman格式字体）。

• 陈述者单调的阅读幻灯片上的文字（这会是相当令人厌烦的）。

• 一系列缺乏评论的幻灯片（听众会失去兴趣）。

• 使用幻灯片的硬拷贝数据替代报告（再一次说明，幻灯片不是报告；若在陈述之前已经阅读过幻灯片，听众将会对现场的陈述失去兴趣）。

• 克雷格和埃梅尼克（2006）区分了幻灯片的不同类型的文学，可以说它是演示的最强大的和无处不在的通信技术。第一类提供了如何准备演讲技术上的建议（Jones，2003；Shwom and Keller，2003）。第二类大概描述了这种工具的优势和缺点。许多幻灯片研究信息是通过关键字在谷歌搜索引擎搜索，虽然有些工作出现在学术期刊，比如琼斯(2003)。

一些建议可以概括如下：

- 在第一张幻灯片中声明幻灯片的内容。
- 使用图形和书面元素作为导航(例如，用一个清晰的标题总结页面的内容；直方图或标记要指明，在每一张幻灯片上，应陈述听众感兴趣的方面；索引通常在演示幻灯片部分可见，标题在强调演示文稿的下面，幻灯片的总数目紧随当前幻灯片的数目之后)。
- 每个幻灯片讲述一个话题。
- 不要使用报告页面作为幻灯片。
- 控制陈述时间在要求的时间长度之内(如果有的话)。
- 通过图表来形象地转换概念。
- 呈现项目的进展情况。以不同的叙事策略迎合不同的听众和演示文稿的目的(例如，一个起始于合同的线性表示，以及通过特殊步骤直到总体规划补充和实施的过程)。或者，演示文稿以最后的项目来组织，并解释设计选择的依据和达成结果的接受过程。
- 将幻灯片作为陈述者的演讲大纲和听众理解讲述内容的工具。
- 总结数据和事实。
- 不要用文字填满幻灯片：传统的比较明智的做法是文字不超过六行。
- 不要使用两个以上的字体，标题一种字体，文本一种字体。
- 不要使用太多的类型尺寸。认真地选择它们，即使是较拥挤的版面，每一个单词也应当是清晰可见的。
- 在陈述之前，检查投影显示的字体大小、远距离字体的可读性和视觉效果，以及投影仪是如何工作的或者它是否真正在工作。

良好的演讲能力也会增加演示效果。克雷格和埃梅尼克解释说：“幻灯片的陈述者是否会成为注意力的中心或者是一个舞台工作者，与陈述者的沟通能力有关。优秀的陈述者很可能仍是关注的中心，幻灯片作为一种有价值的沟通工具可以适宜地支撑演说者的言辞。较差的陈述者，如同对于紧张的大一学生第一次做班级陈述表演，很有可能成为后台工作人员，将幻灯片作为主导道具，几乎忽略了自身的存在。”(2006：151)

已完成的项目通常被认为是在幻灯片和口头交流引用他人的结果的过程中完成的。这样的项目，也包括海报和报告，应当包含共同的设计元素。包括这些图片的目的是激发听众的情感共鸣，或者帮助读者们想象自己和亲戚朋友在将来完成相似的项目。在选择图片时，有必要采取尊重、平衡、谨慎的原则。过度的或者不平衡的使用参考图片的情况应当尽量避免。信任项目设计的作者和使用图像的来源是相当重要的。

使用引出构建建筑架构和公共空间的图像，例如孩子们在玩耍，人们骑自行车或者从事体育运动，退休学者在公园树荫下的长椅上休息。我们的个人偏好是避免出现孩子放风筝的情景，这种方式被过分使用，以至于难以唤起放风筝的画面想象。

一种典型的陈述方式往往回答这样的问题，比如，这个地区发展后将会成为什么样子？相比现在发展后会发生什么样的变化？一种更受欢迎可以应用到大型公共幻灯片的陈述技术，特别是在城市再生项目中，或者当设计应用到已经利用的场地的技术，这种技术是项目之前或者之后陈述使用的技术。在《未来大都市》(2001)中，彼得·卡尔索普和威廉·富尔顿提出过这样的例子。

荷兰的西8设计公司使用航空照片来说明马德里国王桥的改变。一幅2004年的航片被用来说明河道走廊的现有条件(见图8.4)。设计被实施后的河道走廊在2008年将会成为怎样的愿景图被用来说明这些变化（见图8.5）。同样，美国的STOSS LU公司使用相似的之前（见图8.6）和之后（见图8.7）的航片来说明威斯康星州绿湾福克斯河畔设计。这些陈述可以使用几种技术：数字建图技术、实图重叠技术、草图，以及无线数字构图技术。

在陈述期间，它可以帮助呈现实体模型。与此形成鲜明对比的是用于其他过程的快速模型，交流阶段的实体模型是确定的和精确的。依据所使用的材料不同，模型是非常昂贵的。然而，效果是有价值的，并通常能给公众带来切身利益。例如，中国设计师使用大规模的城市设计模型，很有效地展示了城市空间将来会成为什么样，例如，北京规划展览馆和上海城市规划展览馆（见图8.8）。

影像文件在城市设计中变得越来越流行，有以下几个原因：

- 设计团队以中等价格轻松地生产视频。

图8.4　马德里河的现状，2004

图 8.5　马德里河的设计建议,2008

图 8.6　福克斯河畔区现状(威斯康星州绿湾)

图8.7　福克斯河畔区项目设想(威斯康星州绿湾)

图8.8　上海城市规划展览大厅模型

• 以数字摄像机的方式收集至关重要的设计访谈，为用户、相关利益方、客户和政府官员；使用图像或类似的设计文档来描述场地的实际状况。

• 有机会在网站上发布一段每个人都可以访问的视频。

叙述类的视频可能将会被替代，或者与言语沟通并肩流行。在申办2016年奥运会期间，芝加哥呈现了一个动态的城市视图和拟议的新场馆总体规划视频（http：//www.chicago2016.org/videos.html）。马德里为2020年奥运会提供了一个类似的视频（http：//www.youtube.com/watch?v=BhBTec7IrUU&feature=related）。

**世贸大厦旧址建议的演示**

曼哈顿下城发展公司（LMDC）于2001年秋季成立，纽约州州长负责监督前世界贸易中心区域的重建（参见第五章）。2002年7月，场地的一组初期建议被公众认为是沉闷和乏味的，此后公司的惨败随之而来。结果，如LMDC所说，在2002年8月中旬，世界各地的设计师以电话回应此事。共有406个团队对此作出回应（涉及约900名设计师）。

LMDC花了几周时间检查意见书，并最终形成一张七个组的短列表。这七个组包括许多著名的建筑师和城市设计师，他们都被邀请在2002年12月纽约市冬季花园就世贸旧址的设计发表他们各自的意见。每个团队有二十分钟的时间呈现他们的项目。保罗·戈德伯格（2004）描述了不同的陈述风格。

据戈德伯格（2004）陈述，丹尼尔·里伯斯金“没有讲述广场镜头或者经济学，在他的陈述中甚至很少使用建筑学的术语。他谈到了纪念、记忆、哀悼和更新，他用一个传教士的热情陈述这些。

‘生活必胜’是他的最后一句话，获得了持续的掌声”(9)。随后诺曼·福斯特采用了不同的风格:“没有采用认真热情的情感，代之以清晰、自信的专业知识……与里伯斯金不同，福斯特是脱稿陈述的”(9)。理查德·迈耶以一个笑话开始了他们团队的项目:“我们是纽约队——我们是梦之队”(11)，但相比福斯特和里伯斯金，他似乎不怎么自信。

拉斐尔已被允许呈现三种不同的方案，“他并不担心他的三个设计方案混淆彼此，他花了大部分的时间表现它们各自的内容，而不是指出三个方案表达了类似的基本想法……拉斐尔的陈述似乎有点匆忙，内容显得有点凌乱”(12—13)。格雷格陈述了设计师共同的设计结果。他的陈述“清晰、直观、有组织，与其他人不同，他以一种比较平衡的方式讲述了围绕世贸旧址的观点，并以一种特殊的方式将他的项目描述给非建筑师的听众”(14)。

史蒂芬·彼得森做了一个普通的演讲，但是“关于建筑体系结构……与其他的演讲相比似乎是乏味的。当其他的建筑师开始销售普拉达的时候，彼得森和林滕伯格提供了布鲁克斯兄弟”(16)。最后一个是SOM陈述由罗杰·拉菲设计的项目，他的陈述“在听众相对认真的听取下结束了”(17)。

## 海　报

在城市设计项目中，海报成为一种越来越受欢迎的方式。学术会议、专业会议和研讨会中，研究人员通常采用海报来显示他们的研究成果。

城市设计、景观设计和建筑学的一般竞赛中，通常要求项目呈现在一定规模的一张或更多张海报上。学生中间的规划和设计以及最终的演示方式通常以海报的方式呈现。

海报的特点和风格会有所不同。同样的主题依据听众的不同可以以不同的方式组织和表现。需遵循以下几个原则：

• 做一个海报布局的比例图，征求关于整体设计的评论。

• 海报的信息应有逐步的结构层次，将最重要的信息以最好的可见性显示。

• 清晰地显示信息（设计故事在哪里开始的？什么是设计方案感兴趣的焦点和中心？主要的信息是什么？）

• 不要用太多的信息塞满海报。海报的信息应当支持设计理念，在信息中腾出空间突出规划的重要性（所有不相关的信息应当被消除）。

• 距离10到13英尺（3到4米）海报应是可辨认的。

• 距离6到7英尺（2米）海报的字能看清。

• 以特定的格式和大小变化突出显示信息和元素。

• 搭配背景和字体颜色的对比变化。

• 使用最合适的规模设计海报，除非有预先确定的规模，最理想的方式是相关的细节清晰可见。

• 海报应是简短和简洁的。“研究表明，你只有11秒能够抓住和维持听众的注意力，因此尽量使广告标语突出、简洁。大多数的听众只会被广告标语吸引。”（Mandoli，2007）

• 用别人的海报来寻找灵感（见图8.9和图8.10）。

## 选择要呈现的内容

在城市设计的总结过程中，总结优先于总结报告之前的幻灯片文稿和/或海报，设计师需要识别恰当的材料和媒介。项目产品的准备取决于不同的因素，如设计过程花费的时间、涉及的人员数量，以及任务的复杂程度。准备的材料通常要达到看似失控的地步，甚至在研讨会结束时。材料可以有不同的格式：文本或者电子表格文件，笔记、手绘草图、图像、计算机或者手绘地图、实体模型、记录、幻灯片媒介文件、纸质文档、从互联网上下载的文档及网站链接。

一个可能涉及所有团队成员的循环过程，这个过程可用来选择演示中包括什么内容。材料选择可使用修改后的诊断分类技术。最初在战场上的情况下，诊断分类是一种医学策略应用到大规模伤亡事件中，鉴定需要立即送到医院拯救生命的病人伤害程度的方法，哪些人能够等待更长的救援时间，哪些人超出了复苏的希望。使用颜色编码，患者被分为不同的严重程度：

- 绿色：小（轻伤）
- 黄色：延迟（没有生命威胁的伤害）
- 红色：中等的（有生命威胁的伤害）
- 黑色：已故的（无法救治的）

在设计过程中，可以用分类的方法帮助演示选择材料。彩色标签可以应用到手写或者计算机生成或打印出来的演示文稿中。例如，以下的子部分可以应用到不同的材料中：

- 黑色（B）可定义绝对不会包含在最后演示中的材料。
- 红色（R）可定义包含在最终演示中的材料。
- 黄色（Y）和绿色（G）可定义中等水平重要性应当包括哪些材料。

如果一个材料还包括所有团队成员的选择内容，那么这个材料是演示的最后一个部分。

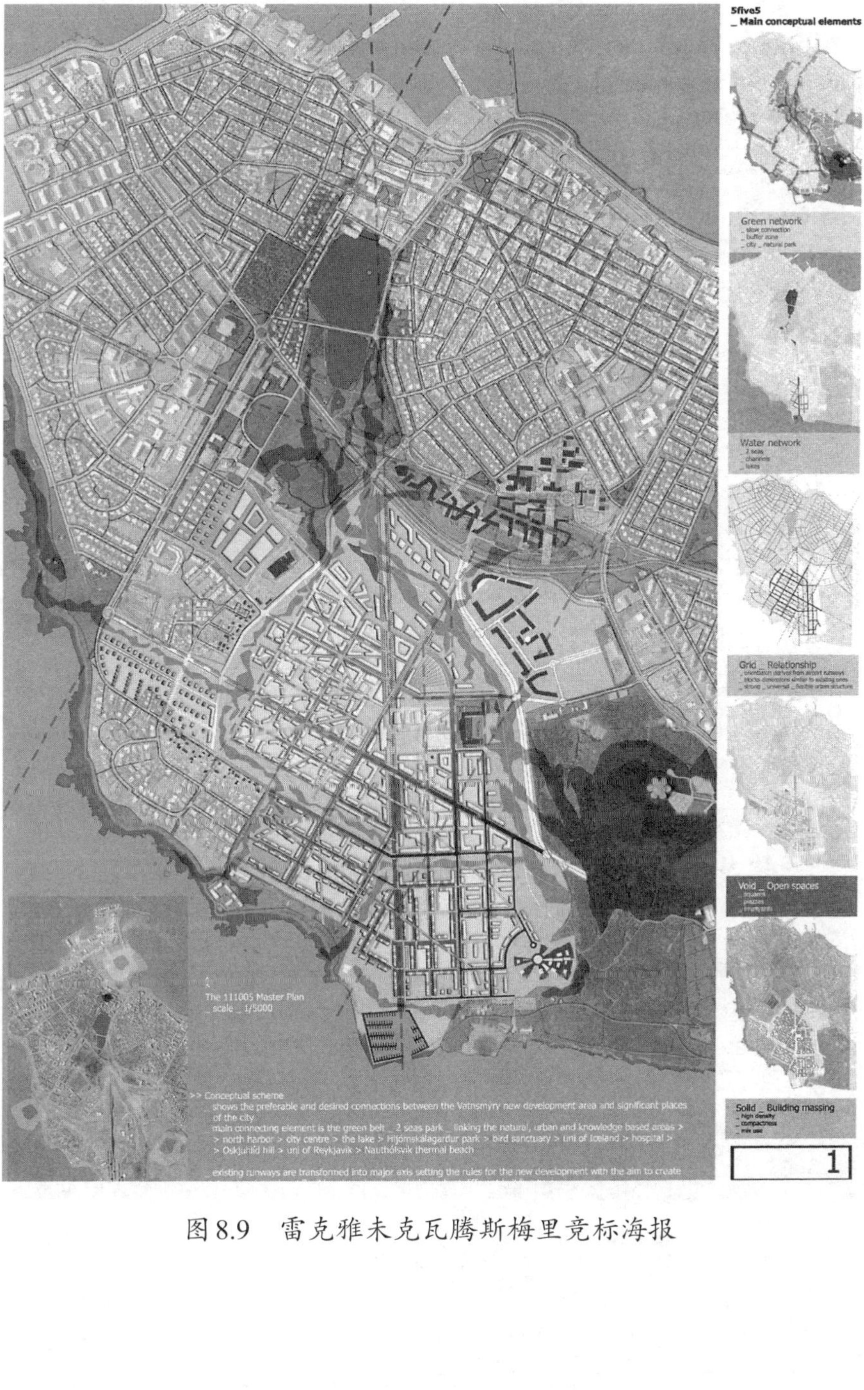


图 8.9　雷克雅未克瓦腾斯梅里竞标海报

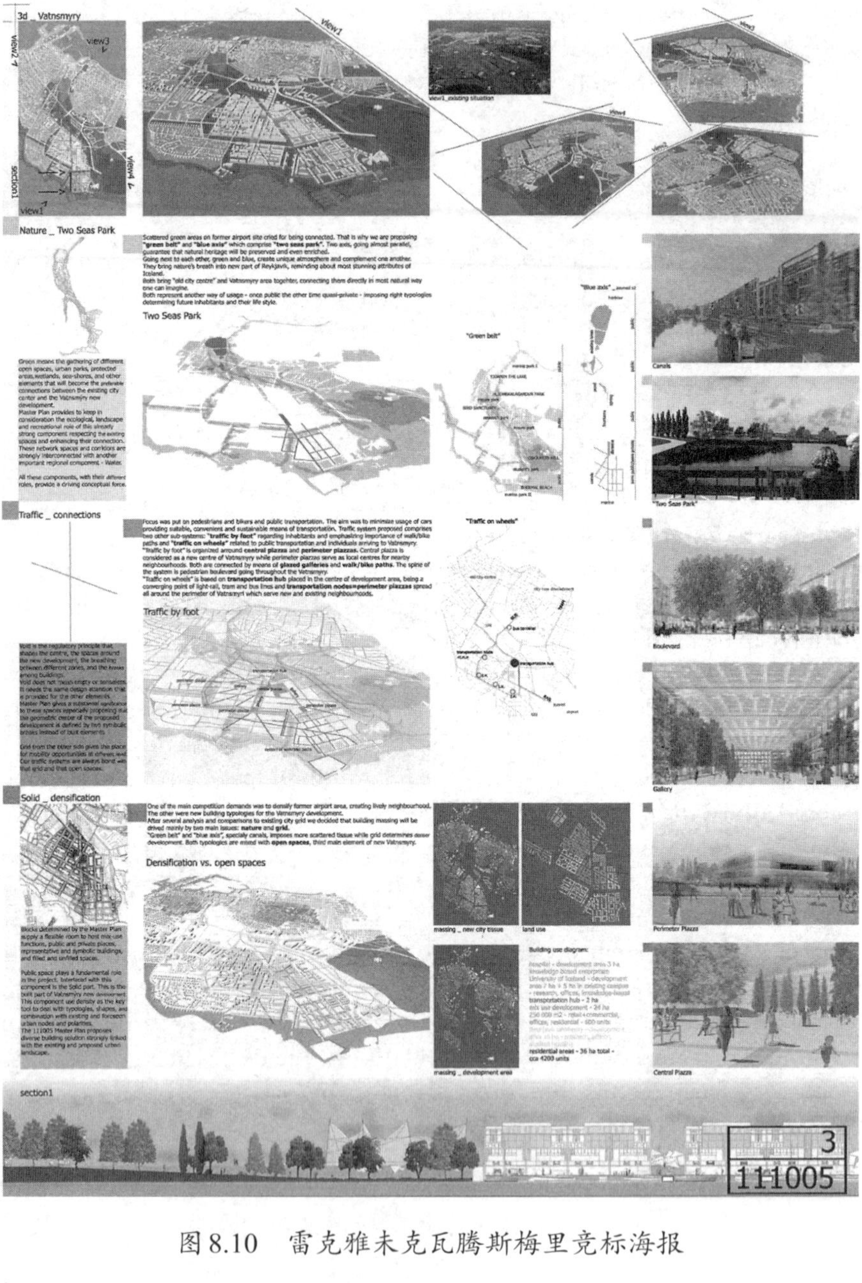


图 8.10　雷克雅未克瓦腾斯梅里竞标海报

## 选择一种演示方法

就图形的维度来讲，海报是支持图像的最适当的方式，可以由特定的计算机软件或艺术家制作。这两种模拟方式可采用不同的媒介，如幻灯片或者报告。

对城市设计师、建筑师和景观设计师来说，三维计算机图形程序是很受欢迎的。计算机模拟特别有助于揭示生态关系。直到最近，只有专门的实验室、少量研究中心和数量有限的私人公司，可以支付得起这一广泛应用的一系列现在流行的专业软硬件。常见的CAD和虚拟图像程序是免费软件，可从互联网上免费下载。大多数的桌面和笔记本电脑可以产生简短的动画视频。

然而，这种程序的广泛使用有许多负面影响。首先，某些情况下，计算机仿真会被认为是真实的项目，而不是所谓的影像。第二，对于熟悉项目设计的听众，过分简短的视频会使他们怀疑利用视频仿真来掩饰设计的不一致性。某些情况下，这种怀疑还是有根据的。

> 尽管如此，城市设计的图形语言对于城市的质量有重要的促进作用，创意愿景有鼓舞和激励的作用，迷人的社区以及其他参与的规划和发展，以及为评估目的而客观真实演示的相关信息。
>
> 现在可用的技术为设计者和图形生产者提供了很多的选择。图形词汇表还在持续发展。这为以新的方式将计算机生成图像、手绘规划和草图结合的混合技术的选择带来了令人兴奋的机遇与挑战。（Meeda，Parkyn and Walton，2006：2—3）

由于技术的要求，艺术模拟使用得比较少，并不是因为它们比计算机模拟效率低。在设计师的指导下，通常委托专业插画师制作，将有说服力的图像包括在其中。历史上一个非凡的例子是马利蒙特，是俄亥俄州新镇外的一个住宅，由约翰·诺兰于20世纪20年代设计(Rogers，2001)。被誉为美国城市设计和景观建筑之父之一的诺兰和查尔斯·莱温伍德，利用安德鲁·安微诺夫的说明，于1925年制作了一个名为“一个描述和图像化的马利蒙特的故事——一个新城镇”的广告小册子（见图8.11和图8.12）。

图8.11　俄亥俄州马利蒙特的宣传小册子（1925年）

图8.12 图解俄亥俄州马利蒙特的设计理念

> 小册子布满了黑白相间的插图，免费分发给感兴趣的团体……最终在1925年出版的时候，64页的小册子是一个布满丰富插图的向导，包括图片和建筑师提供的插图，以及一个村庄的历史记载，依据诺兰的新城规划哲学，有十二个原因生活在马利蒙特，莱温伍德使用图和统计列表详细描述了新镇的优势。（Rogers，2001：115）

在城市设计交流中，一些元素通常被用来确认设计假设和“有说服力的支持”。后者用于对话会议期间，并展示给其他专业人士和涉及的听众。

## 小 结

一个城市设计项目的成败往往取决于它是如何呈现的。沟通的艺术涉及从一方向另一方传递信息、思想和意见。城市设计师通常通过口头的、书面的和视觉表达等技术来传递他们设计规划的信息。随着演示的进行，总体规划逐渐明确，城市设计师也被要求进一步精确阐述规划的细节，并帮助实现规划的某些特定方面。

# 第九章
## 详细设计

详细设计的研究往往需要详细的说明和定义总体规划。如果一个客户需要进一步探索，细节研究的原因应当包括其中；监管机构想进一步详细评估规划；一个可行性分析是必要的；需要更多的特异性来指导一个规划的设计元素，如建筑物和开放空间；或者必须确定经济的可行性。虽然规划后需尽快跟进详细设计，但有时项目的详细设计要求可能在演示文稿之后或者总体规划之后几个月才提出——或者可能几年。

一个常见的情况与建筑有关。总体规划显示了预想体积的城市空间，城市设计师可以借此指导其他建筑师和景观建筑师来详细描述未来建筑的框架、组件、移动基础设施和公共空间。在总体规划中，建筑往往是简单的设计，除了高度的要求、地块的数目或建筑的方向，没有其他设计要求。一个详细的研究包括可行性评估、探讨可能的类型学，或者估计定量性能的建筑。

总体规划的详细信息可能需要那些在参与城市设计过程早期阶段的设计师之外领域专家的贡献。关于流动性基础设施、社区服务、景观建筑、公共或者绿色空间、自然保护区或自然恢复空间、能源、经济可行性、资金发展伙伴关系问题、规划管理可能需要的协商专家。

## 经济评价

如果是为私人开发商设计，客户肯定想要知道项目预计的成本和利润。城市设计师将与一个房地产专家准备一个形式上的财务评估模型，这个模型展示了城市设计项目的预期结果。一个政府客户也可能需要确定项目的初步设计成本和预计新税收。

经济分析包含以下几点：

- 引进一个为投资带来较高回报的资源分配方式。
- 确定投资项目的可行性。
- 事先评估项目的可行性。

经济可行性取决于项目影响的持续性，其评估是为了确保以下几点：

- 该项目为投资者提供足够的动力。
- 以足够的资金完成项目的操作。
- 项目收益和项目成本的分配与项目的目标一致。
- 分析中包括环境的影响。
- 界定项目的成本、贡献和公众的角色。

将城市设计项目的预期成本与项目预期收入进行比较。例如城市更新项目，概要举措（通常情况下，包括基础设施和设备）由公众团体实施（直辖市、区域机构或国家政府）以促进私人投资项目并消除使项目减少投资的影响。在城市更新项目或再生项目中，公众团体通常与其他公共实体或者非政府组织合作。

将项目成本与潜在融资作比较。经济评估研究的目的是确定房地产公司的潜在收益，这些公司可能会对利润率不高但公众感兴趣的设施提供资金帮助（如，文化场馆和基础设施）。可行性研究分析了定位的可能性——在私人房地产开发商的支持下，由一系列的活动和项目的潜力来创造收益——以覆盖必需设施的花销。

评价一个城市设计发展可行性建议的较简单的方法是残值评价方法（Marsh，2001：110）。残值评价方法有三个功能：

1. 确定土地的价值，以此来确定多少开发人员有能力竞标这片土地或试图从土地所有者那里收购土地。

2. 为开发人员计算完成方案的整体价值和这一提议的利润水平。

3. 评估开发人员在建设过程中可能产生的成本水平，以确定在开发人员仍旧获利的情况下不得超过的成本上限。

土地的价值——“残值”——是由这个位置能够开发什么位置的需求，以及选择空间的可用性而决定的。马什写道：“显然，必须非常小心地使用残余价值，虽然在其他地区发展的相似市场交易将提供一些制衡，但是应当注意到开发项目几乎都是有独特性的，而且会影响残余价值，认识到这一点非常重要。”（2001：110）

## 设计指南

一个总体规划可以通过设计指南（或设计语句）建立区域发展的标准和相关准则，或者发展的类型来定义项目设计的细节。设计指南依据项目的情况和目的以不同的方式进行组织。一种方法与具体的元素有关，例如外墙、窗户、入口、灯、围栏、长椅、材料和人行道。另一种方法是将总体规划的范围划分成更小的部分，并描述如何实现这些区域的设计方案。许多美国大学校园的蓝图提供了指导方针的较好例子。

**得克萨斯大学奥斯丁分校总体规划的设计指南**

西萨·佩里及其合伙人、巴尔莫里建筑事务所与丹泽和布拉德建筑事务所是1999年得克萨斯大学奥斯丁分校总体规划的设计方。该规划的目的是"支持和体现为学生、教员和行政人员创造一个社区的感觉，创建一个保持浓厚和清晰大学生记忆的地方。另一个目标是扭转当前为响应增长而分散规划的倾向。新的总体规划……讲述了一个已经成熟的校园规划进展"(Cesar Pelli & Associates and Balmori Associates，1999：33)。

得克萨斯大学的奥斯丁分校校园原来40英亩(16公顷)的土地是1881年选定的。该规划由卡斯·吉尔伯特在1909年，詹姆斯·M.怀特在1923年，以及格林、拉洛查和达尔公司在1928年共同努力设计出的校园核心内容，但最后的总体规划是保罗·克雷在1933年设计的，"这个规划最重要的是确立了40英亩［16公顷］土地将来的发展方向，并作为校园总体特征的模板"(Cesar Pelli & Associates and Balmori Associates，1999：11)。克雷是一位美籍法国建筑师，出生于里昂，受教于巴黎美术学院，于1930—1945年在得克萨斯大学担任校园建筑师。除了他1933年的总体规划设计，克雷还帮助设计了校园里的19个建筑物(见图9.1)。

贝利团队以一种负责任的心态设计了校园，即"校园未来的发展

图9.1　保罗·克雷的得克萨斯大学校园未来发展的水彩透视图，1933

应当在了解、尊重、爱护过去校园建筑的基础之上，因为正是从这些早期的建筑物和开放空间中我们体会出社区的实质。这些建筑物都是坚固的、年代久远的，并且这些开放空间可以帮助行人舒适地行走和交流。它们应当是未来建筑物发展的模板和灵感来源”(Cesar Pelli & Associates and Balmori Associates，1999：28)。

校园的总体规划定义了七个目标和组织原则(Cesar Pelli & Associates and Balmori Associates，1999：33)：

1. 让校园中心回归行人，保持校园的交通优势。

2. 使用保罗·克雷最初作品的建筑语言，作为新结构设计的分离点。

3. 建立一个社区景观开放空间，与校园的建筑物一起合作扩展并重新布置校园。

4. 充分地增加校内住房，从而创造一个更加完整的学术社区。

5. 建立新的学生活动中心，加强住房和学术住房设计，从而补充完整的校园生活。

6. 未来的建筑集中在校园的中心而不是校园的周边。

7. 通过加强校园识别和路径项目的功能，增强公众的认知和访问权限。

基于第二个原则，任何在得克萨斯大学奥斯丁分校校园的新建筑，“必须以最受欢迎的结构对应建筑的集合、规模、比例、材料和特点……为校园添加新建筑的建筑师有义务理解和尊重校园最特别的地方”(Cesar Pelli & Associates and Balmori Associates，1999：35，43)。为帮助未来的设计师，总体规划为现存建筑和重要的建筑物提供了一系列的相片和描述信息，如外观组成、入口、钢铁厂、灯具、材料、材质、颜色、建筑底部及顶部模式(见图9.2)。

开发空间的特征被描述于现有庭院、绿色和公园空间类型、步行街道、植物、草坪、行人照明以及铺砌模式和材质的建筑类型学中。其他细节包括长椅、垃圾和回收容器、报摊和食品车。在总体规划中，元素——从表面到长椅到铺砌模式　　被组织进调色板中，未来的设计师可以使用它们，在新开放空间和建筑物与现存建筑之间获得凝聚力。

**辛辛那提大学总体规划任务书**

辛辛那提大学的总体规划是由哈格里夫斯于1991年在旧金山设计的，于1995年更新(更新一)，并于2000年再次更新(更新二)。该规划将总体规划的准则定义为“‘规则手册’，想要实现校园发展战略目标和战术目标的使命。这些指导原则应当本着未来大学的进化发展和后续更新规划的观点”( Hargreaves Associates，1995：17)。指导方针是如此重要并被良好定义，以至于修改这些方针需要辛辛那提大学董事会的投票。校园总体规划将需要大约100万平方英尺(约9.3万平方米)的新的学术和研究空间。在总体规划的目标之间是“建立一个反映想

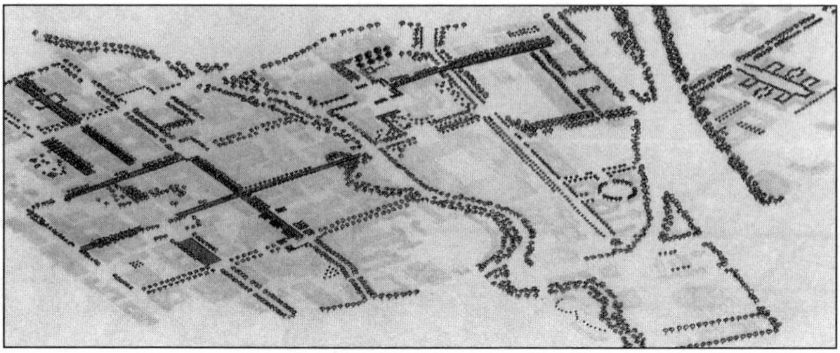

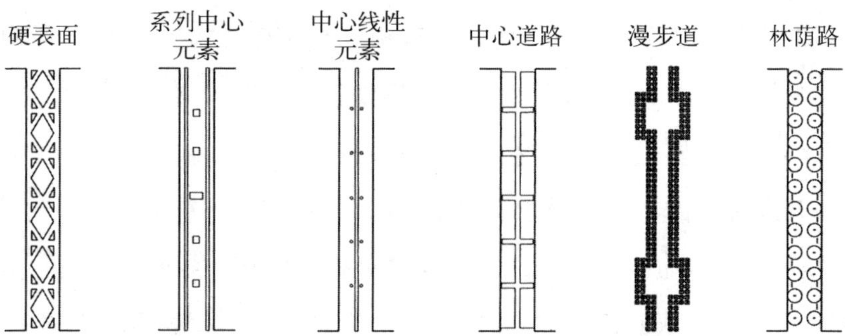


图9.2　得克萨斯大学奥斯丁分校：各种概念元素的图示

法的物理环境，即在课堂之外的任何时间、任何地点都可以学习”，这个想法在总体规划的第二次更新中得到了重申（Hargreaves Associates，2000：1）。总体规划的政策和指导方针分为七个部分：

• 一个连接的策略提出了东、西校区之间的关系、各个建筑物之间的联系，以及建筑物和校园其他部分之间的联系（见图9.3）。

• 开放空间政策包括规划框架，该框架可以用作“新路径连接的基础，并设计连接开放空间的清晰度，以此统一整个校园的特点”（Hargreaves Associates，1995：22）（见图9.4）。

• 具体开放空间的政策包括校园某些“区域”的规则。这些规则

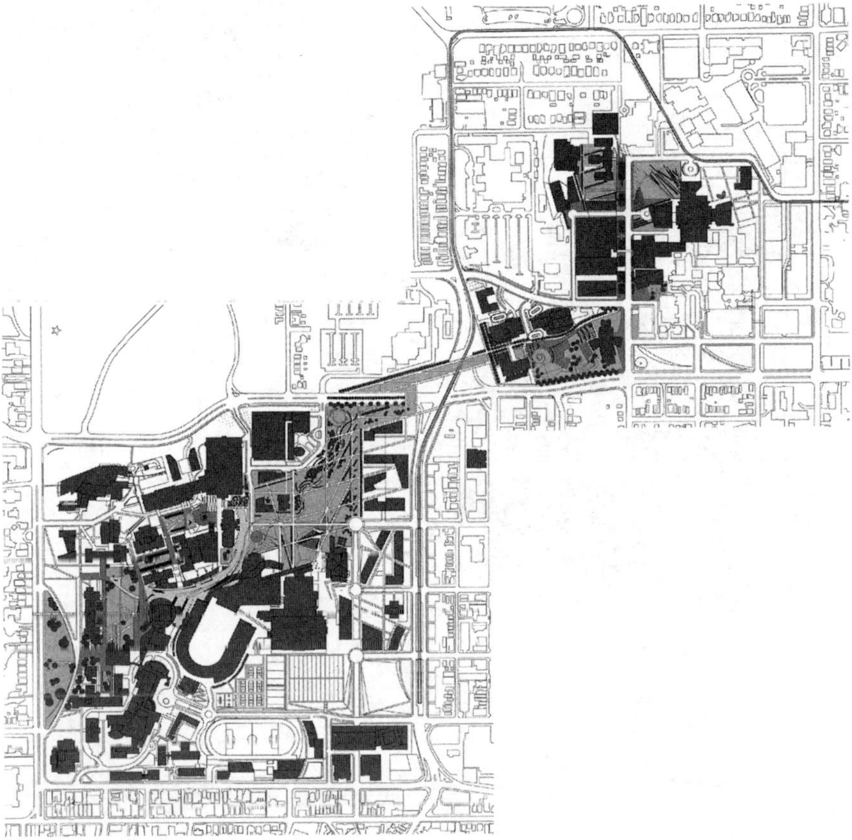

图9.3　辛辛那提大学东校区和西校区之间的直接开放空间

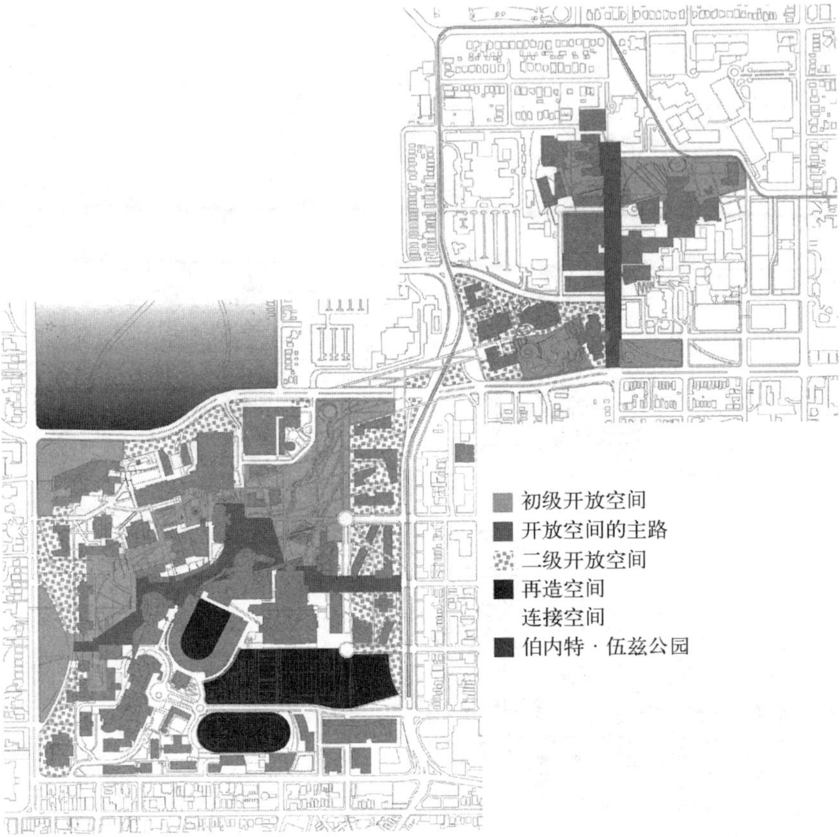


图9.4　辛辛那提大学的连接开放空间

的目的是指导未来发展，但不呈现“解决方案”，而是指出一些未来设计师需要考虑的因素。

• 构建政策指定的规则是由哈格里夫斯及其合伙人从认可的立场定义的：“那些由建筑、地形和植被生成的三维空间特征，沿着特定的直线或轴投入空间……力场为添加新的建筑物设置了规划框架。在这个框架中增加建筑物是一个加密的过程。”（Hargreaves Associates，1995：19，36）（见图9.5）

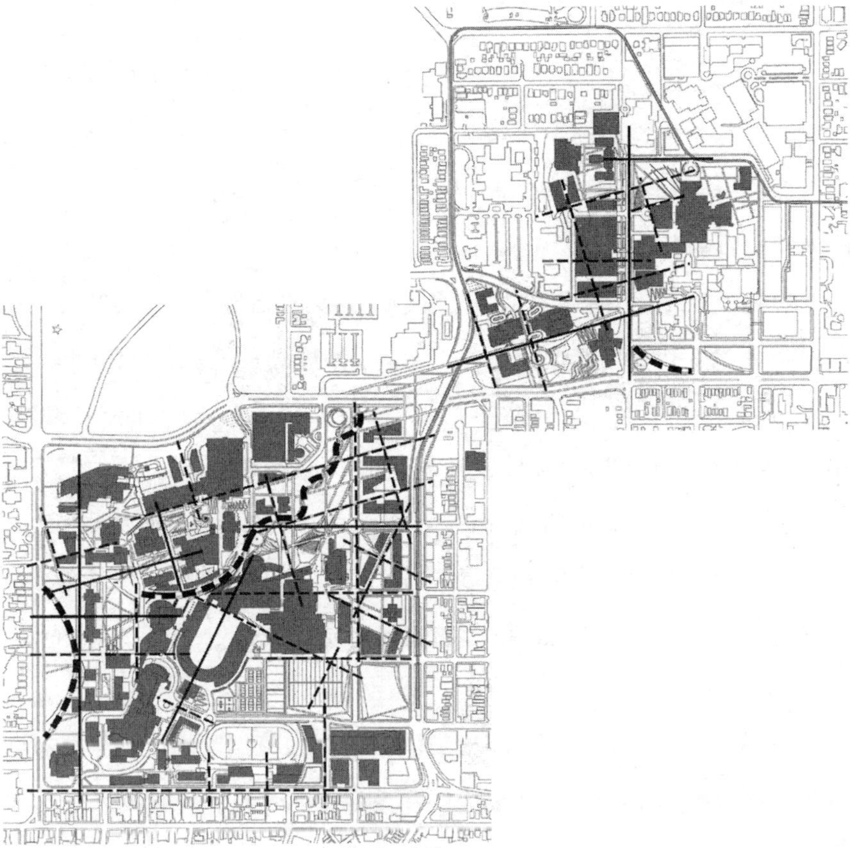

图9.5 辛辛那提大学：力场

• 校园元素为通道系统、照明类型、场地标准和标准设备的呈现提供建议。

• 与停车、残疾人入口、汽车和自行车流通和公用设施相关的基础设施政策。

• 设置总体规划执行的规则，规定设计评审委员会的成员负责总体规划的实施，咨询委员会和艺术评审委员会负责选择艺术家和审查任何校园艺术作品。这部分也定义了总体规划的更新过程（Hargreaves

Associates，1995）。

2003年，由辛辛那提大学的平面环境设计专家凯利·科拉尔负责的标牌委员会制定的标识政策和标准（辛辛那提大学，2003），“创建了一个提供一致和统一标识的路径查找系统，这个系统可应用于辛辛那提大学校园的各个地区”（ii）。

规划文档详细描述并规定了校园元素的指导方针，特别是“校园通道系统”和“路径查找系统”，在总体规划的更新一（Hargreaves Associates，1995：48—50）和总体规划二（Hargreaves Associates，2000：46—47）中均有详细的描述，文中描述道：“路径查找系统的主要目标是通过提供明确的循环路线标识系统，为学生、老师、工作人员和观光者提供一种安全感……路径查找系统将提高路的连通性：通过单个标识系统联结整个校园，创建校园的整体感觉。”（Hargreaves Associates，2000：47）

辛辛那提规划是老旧校园更新的一个杰出范例。除了为大学提供由明星建筑师，如迈克尔·格雷夫斯、彼得·艾森曼、弗兰克·盖里和墨菲西斯设计的改观校园面貌的新建筑物，也确定了保存和保护的领域。历史建筑物被恢复和重建，大型停车场变成了公园（由哈格里夫斯设计）。最终，可持续性发展的关注点也纳入了新建筑设计之中。2008年，CARE/Crawley作为被USGBC评为LEED银级的辛辛那提大学医学院的一部分对外开放。

**巴特利公园城市绿色建筑指导方针**

越来越多的设计指南还包括绿色建筑标准。纽约的巴特利公园城市绿色建筑指导方针，要求开发人员在建设与世界贸易中心旧址部分土地相邻的92英亩（37公顷）时，将能源和环境方面的因素考虑到设计和施工过程中。这个指导方针是2000年由一个建筑师、工程师、能源专家和施工经理组成的团队编写的，这个指导方针成就了一个美国“最环保”的社区。

指导方针包含在“如何”建设的小册子里，这个小册子解释了所谓的绿色策略、每种策略背后的基本原理、潜在的资金来源，以及什么样的文档需要开发人员提交合规（Hammer and Hinge，2009）。为了反映变化了的知识，自2000年以来，指导方针已经多次更新，如不断变化的LEED标准，它们涵盖了住宅、商业以及机构的建筑。一些住宅需要遵循以下几点主要的要求（Hammer and Hinge，2009）：

• 建筑必须实现30%的能源效率，大于在当前国家建筑规范标准下可实现的。

• 建筑必须安装光伏系统，能够提供建筑物5%的预期高峰用电需求。

• 每一个新建筑的电气配电系统必须设计为允许最大限度地利用需求反馈技术和策略。

• 公寓必须能够接受30%的自然光，大于目前纽约市城市建筑规范要求的程度。

• 开发人员必须能够利用废品管理项目，可以将施工过程中产生的所有废料的80%（重量百分比）加以利用。

• 开发商必须最大限度地利用500英里（804.7公里）的巴特利公园城市，以减少相关能源的使用。

• 建筑物必须能为自行车提供封闭的存储空间。

• 必须为混合电力车和其他高效汽车提供专用停车位。

• 开发商必须委托所有的机械系统在建筑使用后再评估，以确保它们的动作符合预期。

虽然巴特利公园城市的建设成本比附近没有绿色建筑标准的社区高出5%—15%，但鉴于该区域的受欢迎程度，建筑商可以收取高于其他地区4%—5%的租金和销售额，这样他们可以很快收回成本。通常，拥有绿色特性的建筑物在建成之前已完成了销售，虽然售价比较高（Hammer and Hinge，2009）。

即使是更高的建筑物、更高的销售价格或租金成本，但长期的能源消耗较低。建筑物的建设也旨在增强居民的健康程度。此外，新型巴特利公园城市是由一些著名的年轻设计师设计的，如拉斐尔・佩里（见图9.6）。

## 流动的可行性

总体规划可能需要关于循环问题和基础设施的进一步规划。行走路径或站点内道路的定义可能要求更多关于道路规模、遵守技术规则，以及道路可行性的信息。一些选择似乎是切实可行的，但是需要在实际水平下进行评估和验证。其他问题包括残疾人行走的便捷性。

如果在总体规划中没有充分考虑这些因素，那么在总体规划的实施阶段，客户可能要求设计师更新或者修改总体规划。反过来，这可能需要复议设计的其他比较重要的部分，或者至少会导致规划实施的延误以及成本增加。

### 在曼图亚沿着贡扎加轴的行人流动性

在有关曼图亚的贡扎加轴的初期研究中（见第五章），所有用户的可行动性均被检查，包括那些残疾人。设计的主要目的是更新观光者的兴趣，即关于曼图亚贡扎加轴许多建筑物和组成城市历史中心的地方的兴趣。指导设计的主要原则是定义识别行人道路的新路径。一般

图9.6　位于曼哈顿下城的巴特利公园城市

来说，一个路径的识别可通过以下方法建立：(1) 利用标志指导旅客，(2) 使用地图为游客确定要找什么以及向哪个方向去找，(3) 水平（地板）系统的标志或者特殊铺路方式。

路标，连同地图，是中心历史城市引导游客最普遍使用的手段。为了保证标志的有效性，标志必须是可见的，以简洁的方式包含所需的信息，并且主要以图形的方式表示。这样做的风险就是，这些路标很快就会成为总体历史和城市中心背景噪音的一部分，也会迅速变得不可见。

地图提出了一系列不同的问题，包括语言方面。不断增长的旅游市场意味着游客来自不同的国家，拥有不同的文化。虽然英语是一种世界性的语言，但是对于参观从意大利到中国和巴西的历史性城市的游客来说，它并不是母语。水平标志提供了一个折中的解决方案。与垂直标志不同，它们的侵入性小，不需要当地的语言知识。

多种解决方案已经应用到欧洲和北美一些城市。例如，一个简单的彩色线条可以沿着人行道运行。在曼图亚，由于历史上留下的遗迹，并未采用这种方案。其他解决方案的提出都是为了更好地尊重该城市的历史。

假设将贡扎加轴以一种特殊的铺路方式建设，以此作为连接曼图亚两个主要纪念碑之间路线的标志，这样可以同时造福曼图亚的居民和游客，以及身体上有不同程度缺陷的残疾人、盲人和几乎失明的人。米兰的Hbgroup评估了两个备选方案，这个专家小组专注于规划以及便利残疾人和更多用户使用方案的研发。

两个备选解决方案试图在以下需求中寻找出折中的方案：

- 以明确的方式为所有的用户标记路线。
- 在历史遗迹中，从已经存在的铺设方案中选择解决方案。

• 为运动障碍者、盲人和近乎失明的用户保证道路的可通过性。

第一个解决方案需要将矩形天然石板（18—36英寸或45—90厘米）并排放置，中间铺设金属轨道（见图9.7）。轨道可以为视力受损的人提供人工指导，并为表面相对光滑的石板提供了一个良好的轮椅通道。铺平道路应尽可能地接近建筑物，这样墙可以自然地作为视障人士的指导。轨道也可以作为人造的盲人用户的白色手杖。第二个解决

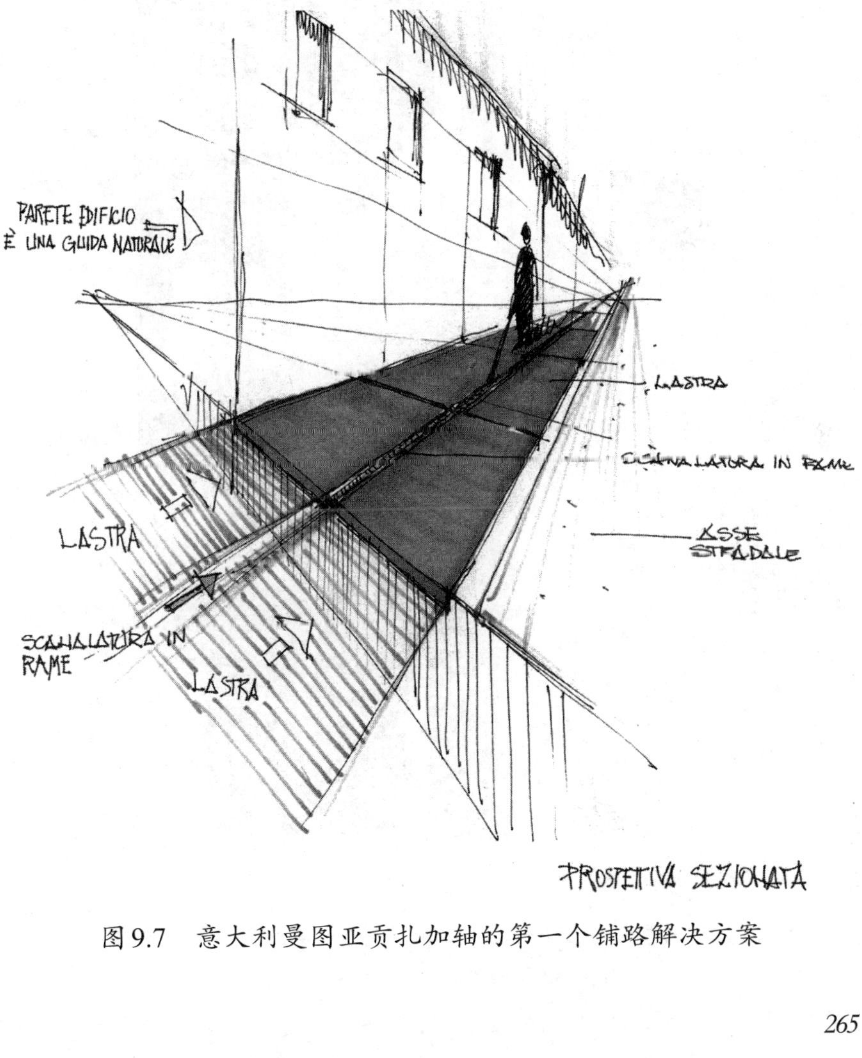


图9.7　意大利曼图亚贡扎加轴的第一个铺路解决方案

方案是粘土砖沿着长边铺设（见图9.8）。在曼图亚，暴露的砖在许多水平铺设方案中都能见到，如第一个方案中的平板。尽管这个解决方案比其他方法更加困难和昂贵，它的优点是容易识别。

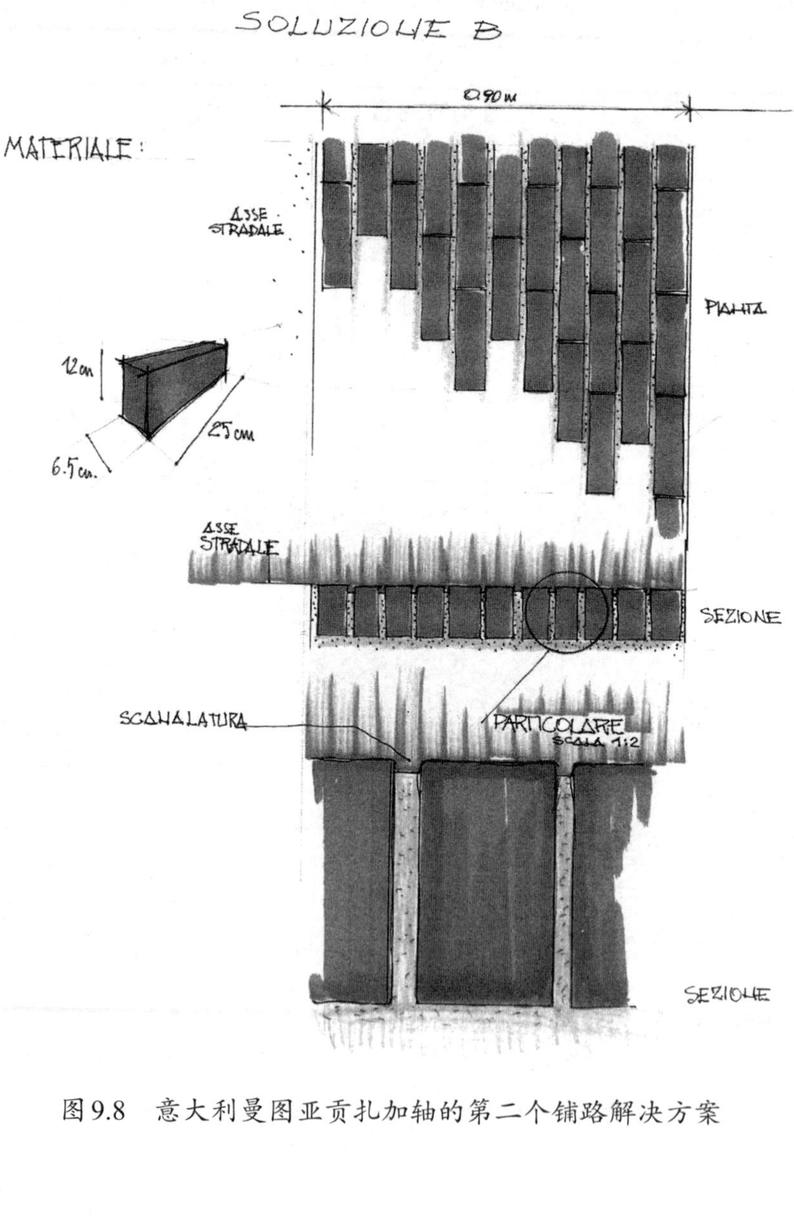


图9.8　意大利曼图亚贡扎加轴的第二个铺路解决方案

咨询公司基于三个因素评估了两种解决方案：触觉、声学、视觉。基于上述三个方面，第一种解决方案更受青睐，由于其材料光滑的表面和均匀性，有助于轮椅不受不规则铺设道路的影响。

## 小　结

详细的研究有助于阐明总体规划的潜在后果。这样的研究可以公开规划在经济、社会和物质方面的细节。设计指导方针可以帮助确定总体规划的思想追求。因此，详细的研究架起了总体规划与其实施之间的桥梁。

# 第十章
# 方案实施

由于制度和文化背景的不同，城市设计项目的实施也有所异同。大多数的官方规划体系都要求涵盖一份综合规划文档，文档会包含普遍性和战略性的规划内容。一些综合规划是按照政策和法规实施的，一些是通过资金投入予以实施；而另一些则是两者的结合共同完成。项目的实施通常需要与规划政策、规范或者两者的官方修正案保持一致。综合规划有时会通过税收、费用和债券等引入公众资本，从而贡献在城市设计项目的实施上。因此，城市设计师应该了解规划实施的背景，以此来实现设计项目的最终实施。

在美国，各个州之间的规划体系互不相同(Delafons，1962；Bosselmann and Callies，1971；Clawson and Hall，1973；DeGrove and Stroud，1987；Platt，1991)。巴里·卡林沃思(Cullingworth，1993：194)在《规划的政治文化》中曾提到，“许多土地利用规划的运作机构其实

是当地政府……美国的地方性规划非常多样化，既有无功能分区的地方政府，也有积极控制土地利用的地方政府。”卡林沃思和罗杰·凯夫斯在《美国的规划》(2003：17) 中指出：“在美国，土地利用规划极具地方性……意味着，规划的实施会存在各式各样的途径。”

卡林沃思继而阐明了美国综合规划和多数地方性规划、分区规划的区别。在一些更详细的规划实施过程中，私人部门和公共部门必须就相关部分展开协作和洽谈。通常在开发过程中，“提案由私人部门负责，再交由公共部门监管……私人开发商的成功之处在于其简单明了的关注点，即开发能够有利润可赚。公共过程则极为不同……需确保其开发能够符合立法部门制定的标准……长期的资源短缺，以及一直以来对于未来公共财产维护成本的担忧，促使他们试图从开发商那里获得最大的公共效益”(1993：18—19)。所以，有时美国称实施综合规划的工具为“行动规划”。

由欧盟委员会下属机构——政策与凝聚力总局负责的“欧盟各国空间规划系统与政策”研究报告 (Hawkes et al., 1996) 显示：不同的欧盟国家，规划体系存在广泛的多样化。这项研究报告指出：

> “空间规划”这一术语放在欧盟这一语境下被不精准地解释为土地整治、城乡规划、区域规划、环境规划，或者其他任何欧盟成员国语言中用于描述该国领土上管理空间发展的特定词汇……空间规划是指公共部门广泛使用的一些方法和途径，以此影响未来人类活动的空间分布，承担着营造各成员国领土之间更合理的土地利用和相互关系的目标，从而平衡环境保护与开发两者的需求，并实现经济更均衡的发展布局。(3，4)

虽然上述研究已经认识到欧盟成员国之间存在的空间规划的多样性，但同时也发现了一些共同之处，如市级总体规划和详细规划之间的关联性等。地方政府制定的“空间格局文件，提出了土地利用变更条例的普遍准则，并预备了一系列土地利用法律文件，用于明确各土地利用斑块的开发许可类型”(Hawkes et al.，1996：7)。

因此，总体规划和规划实施（在欧洲又称为详细规划）之间有很大的区别。部分欧洲国家的规划实施具有法律约束力。总之，无论是欧洲人眼中的“详细规划”，还是美国人所看作的“行动规划”，规划的实施在许多情况下都是城市设计项目的合适工具。

## 城市设计在规划中的作用

忽略美国和欧洲国家之间的相似与不同之处，我们认为城市设计有利于助推总体规划策略向空间组织的过渡。所谓设计“就是一种作复杂决定的过程，抉择后的一系列潜在行为是相互关联的，对于一个问题的抉择会影响对另一个问题的抉择”(Barnett，1995：179)。宾夕法尼亚大学的教授乔纳森·巴内特的研究表明，在城市规划与城市设计相互关系的背景下，城市设计的产生主要发挥三方面的作用，第一个方面较少见，即在总体规划的制定过程中发挥作用；第二个方面在实际中则较为常见，即在详细规划的过程中起作用；第三个方面的作用才初露锋芒并将愈来愈常见，即发生在设计规范和导则的制定中。

城市设计在总体规划中起到的作用是对所预测的土地利用转型后的空间结果进行评价及预估。

分区规划因不可避免地会限制建筑基底的形状，所以应当进

> 行预先考量其可能带来的结果。土地可以细分成许多小的斑块和街区，这不仅是为了按土地斑块进行销售，更是为了描绘出一个新的小区界线。建设公共住房不仅消除了贫民窟，转移了未达标住宅区中的居民，还创建了新的社区。在城市中心地带，城市的更新并不只是移除废弃建筑和无益的土地斑块格局，而应是一种城市中心区再组织的策略方式。(Barnett，1995：180)

总体规划作为规范和政策的一个典型部分，规划的抉择通常是设计的主要部分，“这些决策的制定和执行都需要受过正规训练的[城市]设计师为之辅佐”(Barnett，1995：180)(见图10.1、图10.2和图10.3)。

城市设计的第二个作用是，在筹备实施规划的过程中，即在城市设计师与客户的合作过程中，利用它来分析区域位置、勾画可行性方案、评估各方案，以及从客户和各利益相关者的需求中集成新的思路。

图10.1　帕特里克·阿伯克龙比爵士设计的大伦敦规划

图 10.2　伦敦柏孟塞多层公寓规划的艺术表现

图 10.3　伦敦柏孟塞排屋规划的艺术表现

城市设计的第三个作用是，明确、详尽规范和引导未来城市发展的方向。虽然这一作用较为少见，特别是面对已发展成形的城市环境，但在历史上以及最近的一些城市设计例子中确实出现过。

> 设计师们不得不了解如何修订发展导则，以保证与城市设计之间形成合宜的相互关系……巴黎已采用设计导则超过两个世纪。从1784年开始，巴黎的立法规定了建筑高度、街道宽度以及建筑阁楼的后退角度。此外，还为重要街区制定立面设计控制导则。巴黎街区沿街墙面与阁楼的控制……为纽约1916年分区条例提供了借鉴。当时纽约的建筑高度与所对应的街道宽度成函数关系，如同在巴黎。而后为保持“天空曝光面”，以巴黎阁楼后退角原理为原型，将有电梯的大尺度建筑逐级后退一定距离。理解这一简单的理念对于城市设计影响的力量，与巴黎和纽约鼓励设计师返回到城市设计元素的想法不同，这种理念被现代主义推到一边，却是一个连贯的城市所必需的。（Barnett，1995：188）

## 总体规划的实施：奥尔塞尼戈的综合干预方案

在意大利的规划体系中，虽然1942年国家律法和各区域的律法对总体规划与实施规划之间的关系进行了明确，但实际上通常是根据每个特定的总体规划所确定的一些规则而定的。一些总体规划就明确规定了实施规划的发展细节。其他的则未作明确规定，仅泛泛地给出了一些关于如何实施规划的指标。如果总体规划和实施规划之间相隔太宽，实施规划时就会在市民、官员和其他利益相关者之间产生冲突和不利影响。

在奥尔塞尼戈，有一个距离科莫6.2英里（约10千米）的小村庄和同名湖。该村的总体规划是在意大利米兰理工大学组织的一次研讨会中产生的。在向公众展示这项总体规划的几个月后，市政当局同该区域的土地所有者们一起要求设计师们将其转换成一个详细的规划以便于实施。

在公众参与下实现的总体规划，现如今需要将其转换为一个正式的规划实施方案，即综合干预方案。在意大利，综合干预方案是具有法律约束力的，并由公共和私人部门为某一场地所成立的合作部门负责管理。

奥尔塞尼戈市政当局要求在实施规划中重申总体规划中的指导原则，具体实现以下几点：

• 重振历史中心区附近那些已被人们遗忘和遗弃的地区。通过创建一个具有多种服务功能的场地，并按总体规划中所要求的，优先考虑住房，并包含其他用途和公共空间。

• 增强周围景观视野，并加强景观与历史中心和城市现有格局的关联性，尊重现有场地特征。

• 建设工程中要维持整齐度、体积关系、建筑高度和视觉角度。

• 公共空间、绿色空间以及人行道和自行车道合并到现有的格局中，作为汽车的替代品予以使用。

• 与总体规划保持一致，实施规划作为转换总体规划的实质手段，必须详细列出在研讨会上被低估的某些细节及相关元素。

实施规划的设计开始于对周边景观的考量。特色景观是城市设计中的重要元素。奥尔塞尼戈历史中心区域所远观的莱科和贝加莫的山形轮廓、所坐拥的布里安扎湖泊上的开阔景致、所近观的梯田景观，以及山顶处所显现的教堂均是特色景观。

另一需要考虑的因素是城市背景下对场地的选择。废弃的工业区作为历史中心区和最近居住区的枢纽紧邻现有服务的核心。综合干预项目的最后设计（见图10.4）符合总体规划所预测的沿地区最长边的体积浓度和公共设施要求（新市政厅和公共图书馆、停车场和公共场所）。此外，还对访问区域和历史中心进行了研究。因此，现有的道路被淘汰，取而代之的是一条新路。

实施规划将场地分为四个不同的区域。在一幅“平面图规划”中，描述了建筑物和公共场所的设计规则，这些规则具有法律约束力。平

图10.4　意大利科莫奥尔塞尼戈市的总体规划，2007

面图主要指出以下几点：

- 建筑立面
- 不同建筑物之间的对比
- 建筑足迹
- 建筑朝向
- 公认的建筑物的最大尺寸、地板层数的最大数量及建筑物屋顶的类型
- 私人领域与公共空间之间建立边界

“建筑物的平面图及规划线”成为体现总体规划内容的工具，这为特定建筑物的建筑和景观设计留下了恰当的灵活性。“平面地图”依照总体规划并规定了一些“不动点”，让未来设计师创作干预措施。查尔斯·埃姆斯评论道，“设计在很大程度上取决于约束条件”，在城市设计中的确是这样（Neuhart，Neuhart and Eames，1989：15）。

## 设计指南和空间规则：得克萨斯州中部愿景

规划实施设计准则和规则的定义在城市设计中起着另一种作用。如同第五章描述的得克萨斯州中部愿景这一非政府组织，为该地区五个县提供了场地检测的概念规划。这一概念规划作为试点项目，用以评估所使用的不同规划工具，并允许在当地水平基础上探索可能的解决方案。这五个县开发的概念规划也包括在设计指南之中（ETC，2003a，2003c，2003e，2003k）。从本质上说，彼得·卡尔索普和他的同事们基本了解得克萨斯州中部条件和ECT愿景下的新都市主义设计规则。

在巴斯特洛普测试场地中，城市设计标准（ECT，2003a）处理诸如

位置和概念图、建筑类型列表、材料参考建议和其他特殊建筑物的特点，以及基本建筑类型和街头部分规划图纸和轴侧的问题。设计指南有助于实现这一概念规划，“设想一个村庄中心和领域中心坐落在主要街道连接处的战略位置。这个规划的目的是提供一个场地演变成混合使用场地的视觉效果，混合使用场地增强了公民使用场地的效率，并开拓了社区聚会的娱乐空间”(2003a：3)。

巴斯特洛普设计指导提供的相关规则具有以下特点：

- **建筑布局和概念图**定义了如何沿着街道建设建筑物，如何为建筑物定位朝向，以及最小的建筑物高度。

- **允许使用**提供了一个土地使用列表，如商业用地/混合用地/城市区域、开放空间及市中心居民区。

- **就业和多用途建筑设计规则**，就街道方向和外观描述了建筑物的特点、底楼的透明度，以及恰当地处理该地区冬冷和夏热的特定设计元素和材料的选择。

设计规则通过规划和特定建筑类型的投影图像阐述了设计原则，如固定零售店、内嵌商店、办公室、底楼商业办公室、办公室/研究所及居民商业区。

指导方针的一个特定部分致力于住宅区。这些指导方针强调建筑物混合使用的重要性，以及就楼层平面图和外观设计及选材而言的住房多样性。鼓励实现建筑物质量、入口和走廊设计、窗口模式、屋顶形式和其他设计特点的多样性。就管理的面积、密度和区域的不同特点而言，住房类型是有区别的。

住宅方面的设计指导是为了促进建筑物方向、街道与公路的融洽程度、入口特点、车库、前方障碍物、材料、外墙、屋顶形式及视觉特征的设计。对于不同类型的住房（例如花园公寓和联排别墅），指导原则描述了规划和视觉投影的原则和例子。指导规则的最后两个部分描述了停车的要求和街头部分的例子。卡尔索普及其同事设计的ECT城市设计规则提供了一个如何实现愿景的例子，并应用到了奥斯丁市区的几个设计项目中（见图10.5、图10.6和图10.7）。

**弗雷泽角管理区的发展情况**

另外一个例子，看一下澳大利亚西部弗雷泽角管理区的发展状况。开发的地方是一个15.2英亩（6.13公顷）的受污染的场地，坐落

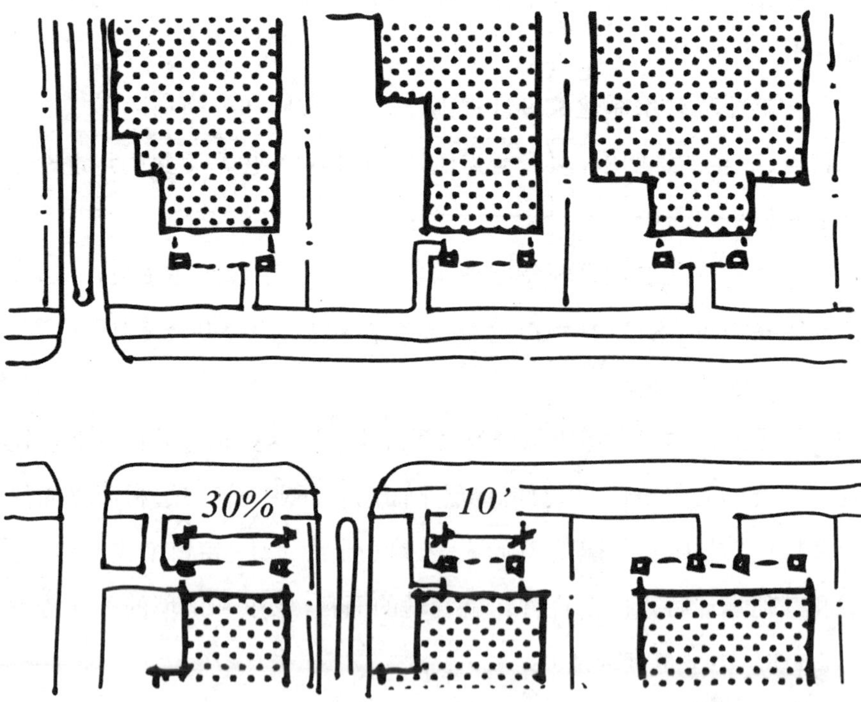


图10.5　得克萨斯州中部愿景的巴斯特洛普视景图为建筑物与街道的相互关系提出城市设计指导（ECT）

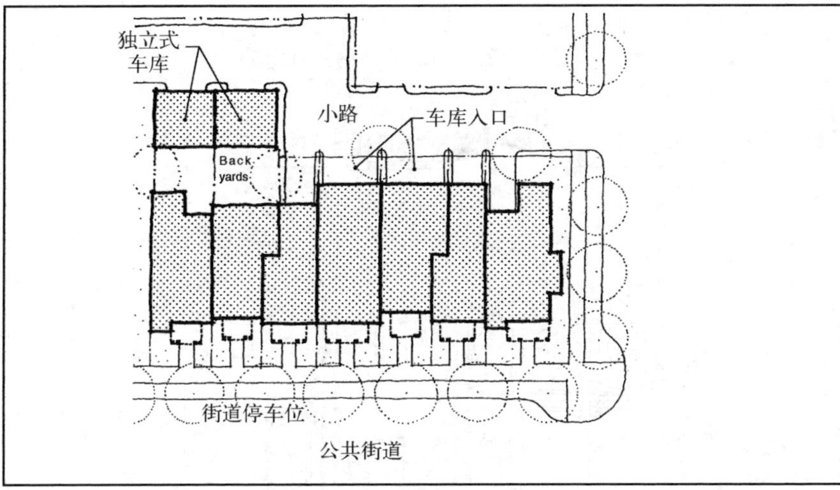


规划

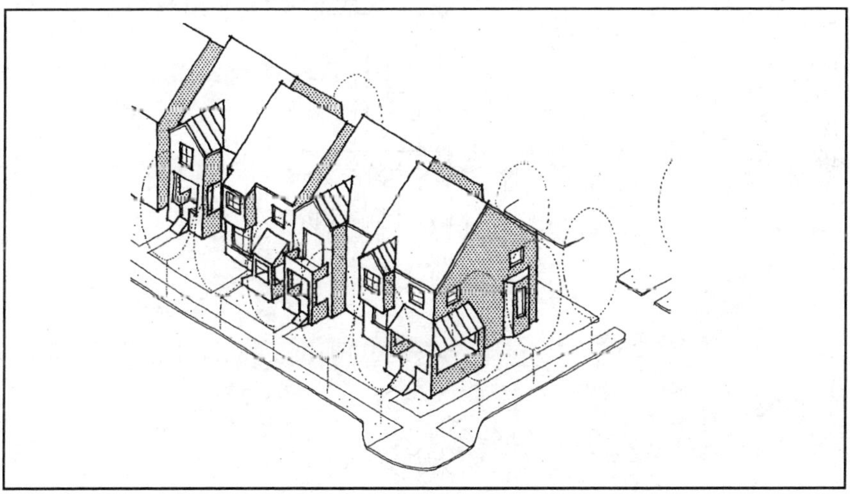

三向投影

图 10.6　得克萨斯州中部愿景的巴斯特洛普规划方案和视景图为住宅前退缩角和通向小巷的车库提供城市设计指导 (ECT)

景观建筑物

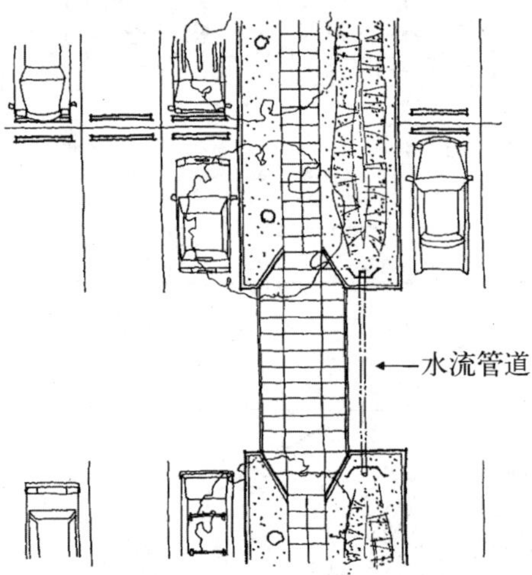


规划视角

断面视角

图 10.7　得克萨斯州中部愿景的巴斯特洛普视景图为人行道和停车场之间的联系提供城市设计指导（ECT）

于珀斯的中央商务区，沿着河岸平坦的斯旺河。弗雷泽角自然保护区储备库建设在一个改造的河前滩上，目标在于改善斯旺河的健康程度，连接了城市与水的边缘。以前使用的场地主要是停车场和直升机场，前滩被坚硬的围墙围着。尽管是黄金前滩土地，先前的场地没有得到充分的利用，提供了很少或者没有潜在相互关系的公共领域。从生态学的角度讲，这个场地包含酸性硫酸盐土壤，具有地理方面的不稳定性和不可预测性。从文化方面讲，弗雷泽角沿着斯旺河潮间区域高度可见的轮廓要求项目设计的微妙性，也鼓励最大程度地参与场地设计（Steiner et al.，2010）。当代的公园现在给城市雨水排放提供了动态的空间经验，也给人类与自然环境的交互方面提供了机会（图10.8）。

图10.8　澳大利亚西部弗雷泽角的公园重建点，2006

## 城市设计项目融资

最直接实现城市设计项目的方法是为其融资。城市设计方案可以通过私人或公共资金或两者的结合来实现。一个开发客户可能已经足以直接支付项目的费用。同样可能的是城市委托一个城市设计项目。后一种情况下，这个城市可以使用税收和债券来为这个项目提供资金。税收基金可通过资本分配改进项目获得。开发者可以利用一个城市支付部分项目费用，而市政当局利用其资本改善项目，承担街道、人行道、基础设施和公园的花费。即使是一个私人开发商或者公共机构为项目支出费用，通常公开的审批也是必要的。这就是为什么在设计过程中公众和当局的对话和交流是重要的。公众的反对意见是规划实施的重要障碍。此外，公共基金的使用需要政治上的支持。

在美国，通过税收增加融资（TIF）是一种流行的方法。使用这种方法，城市可支付公共改进项目前期的费用；随着时间推移产生的费用可由新开发产生的税收填充。同时后期可建立TIF区域改进工作或者收集税金。为了形成一个TIF区市或者县必须具有一定的公共利益。

美国许多地方政府使用地方权力征用土地实现项目的实施。宪法第五项修正案保护私有财产。然而，私人财产可以“补偿”的名义当作公共财产，被称为征用。这种做法是有争议的，由于这种做法导致了一些不好的影响，许多州的当局政府已经限制使用这种权力。这种权力的使用可能会制造更多项目实施的障碍。因此，私人开发商或者公共机构最好直接购买地产。不过，某些情况下，征用土地可能作为实现一个项目的最后一个方法。

一个非营利组织也可成为从事资金项目实施的组织。例如，宾夕法尼亚大学前校长朱迪斯·罗丹（2007）讲述了大学如何参与西费城大部分的转型项目，如何继续努力实现这一规划。例如，佐佐木为一个曾经由美国邮政署管理的场地制定了愿景规划，将棕色地带转化为宾夕法尼亚大学的新空间。（见图10.9）

非营利组织的好处是既非私营企业也不是政府机构，因此，在某些情况下具有更高的政治可信度，特别是在美国。

因此，非营利组织可以通过项目的实施和项目以外的管理参与到项目中。城市设计师也可以参与到一个现有的非营利项目中，或者可以帮助这个项目创建一个专门的新组织。

图10.9　宾夕法尼亚大学的愿景规划

## 小 结

为了项目的实施，城市设计师必须适应现有的城市规划框架和法规。官方规划可以通过城市设计增强。设计规则是一种重要的实现工具。城市设计的公共和私人赞助商可以通过为实现城市规划提供资金来实施设计规划。非政府组织、非营利组织和机构的作用可能也是重要的。

最后，一个成功的城市设计项目取决于它是如何实现的。以华莱士·罗伯茨和托德事务所（WRT）为圣路易斯市区华盛顿大道边缘设计的街景图作为示例。

现有街道是杂乱无章、不和谐和不美观的（图10.10）。WRT的设计为历史性的中央阁楼区提供了一个具有中心支柱作用的生动的街区

图10.10 以前的圣路易斯市华盛顿大道（Wallace Roberts & Todd）

图 10.11　现在的圣路易斯市华盛顿大道（Wallace Roberts & Todd）

景象（图 10.11）。WRT 的设计是帮助将历史性阁楼建成新公寓和新的地面零售店的催化剂。这种街景促进了花岗岩障碍物的循环再利用，包括树木和其他植物，并能帮助渗透暴雨径流。

# 第十一章
# 总　结

在欧洲部分地区，一位建筑师、工程师或者城市规划师可以完善城市设计的所有可能。特别是在北欧、澳大利亚和北美地区，以及越来越多的亚洲地区，城市设计也可由景观设计师或者景观城市规划专家来做。这些专业人士可能在没有所谓的城市设计师的帮助下实现城市设计项目，而他们自己并不需要成为真正的城市设计师。

城市设计可能并不需要获得独立于建筑、城市规划及景观建筑方面技术或者学术领域的认可。至少这种认可并不是本书的初衷。相反，我们旨在建立一个生态城市设计的过程，并为在城市设计领域工作的人们提供技术指导。该过程可以适应不同的情形，并可能会增强或简化那些想要在学术或专业环境中使用的情形。

## 城市设计师的作用

这里我们想要强调的一点是，想要成为城市设计师应当考虑以下两个关键问题。第一个问题是，与其他专业领域相比，有关城市设计师的作用。即使在城市设计中没有其他纪律方面的问题，然而限制城市设计师的活动仍然是重要的。我们将城市设计师定义为“规则的导演者和演说者”。城市设计师并不是重复建筑师的作用——建筑师的主要任务是设计项目、个体建筑或者建筑群——也不同于景观建筑师——他们的任务主要是设计公园和开放空间。城市设计师建立了建筑师和景观建筑师均需要遵循的规则。在总体规划中，规划总则形成了在不影响其他设计师角色的情况下指导未来发展的空间政策的规则。奥姆斯特德和沃克斯在1868年，诺兰在1927年，以及哈格里夫斯在1995和2000年均定义了城市设计师的角色(即使他们各自自称是景观建筑师、城市规划师、景观建筑师)，他们认为设计师是那些为设计项目建立建筑师和其他设计师都应当遵循的主要指导原则和场地导向的结构基础。

第二个涉及的问题是由此产生的权限和责任。在设计过程中，城市设计师开发的技能应当符合社会的要求，并在设计过程中与公众打交道。某些情况下，正是设计师成为“阻碍或促进设计项目过程”的人，他们故意假设这种责任感来源于一种“设计权威”。从这个意义上说，城市设计师的角色并不是中立的，并不只是认真负责设计项目然后把项目反馈给客户。城市设计师与客户和公众积极合作，直到完成整个项目。在一些小型或大型社区建设参与式项目中，作为标准化的设计或促进场所营造的方法，主要是突出城市设计师的重要作用，而不只是在特定的视觉效果和项目中发挥他们的专业技能，相反，主要是组织倾听过程，准备参与设计项目，成为社会创造力的生力军。

## 城市设计过程及设计师的职责

据凯文·林奇和加里·哈克："设计过程是为了满足项目程序。它处理的是特定的解决方案，而规划关注的是一般特征及期望的结果。设计始于编程过程，而项目在设计过程中不断改进。"(1984：127)

更广泛地说，赫伯特·西蒙(1969：55—56)指出："每个设计的设计宗旨主要是将现有条件完善成更好的。借助智力活动将天然材料变成人工作品的活动，与一个病人获得补救治疗，或者一个新的销售计划对于公司的作用，或者一项福利政策对于国家的作用没有多大区别。设计，应如此解释，它是所有专业培训的核心：正是这个主要的标志将设计与自然科学区分开来。"

作为项目过程的一部分，前提条件、设计规则和项目内容在理论上是线性的，旨在"将现存条件设计成最完善的"。城市设计师在设计中起桥梁作用，而不是先前条件涉及的内容——这些条件来自一个共同的主题，可以是总体规划、政府部门、当地居民、一个社区、自然条件以及这些条件的综合因素——或者是建筑师或景观设计师。这个过程在理论上是线性的，但实际上是多项内容反馈出的一个共同的主题。例如，在设计过程中，客户对于先决条件的重新定义可能产生新添加的东西，甚至是特定方面显著的改变。

这一过程也可能反复。因此，在结论阶段部分，某些选择及规则可能需要多次修改和审视。

城市设计师作为项目设计的执行者、指导者应当遵循以下规则：

• 探索各种设计和操作方案，以协调总体策略、先决条件以及客户和公众的期望。

• 与参与设计过程的其他专家合作。

• 建立一些固定的基点，将这些点传递给负责城市设计的建筑师或者负责项目实施的规划师。

• 结合专家意见评估项目及其选项的成果，其中包括经济和金融的性质，以及与各种解决方案有关的成本。

• 考虑问题的自然过程，为“转换”提供选择的工具，这样可能使项目更好地实施。

• 从技术的角度改善这一过程，使总体规划作为最终结果或“规则”的收容器得以推进。

城市设计师应能发挥自身专业技能，同时意识到由此所涉及的责任感。城市设计师的活动不能是不受约束的，更精确地说，有三个具体的职责：专业责任、社会责任和能力责任。

作为人类，专业责任迫使我们面对人类在地球上的主导地位。纵观历史，我们意识到人类的某些行动会导致植物和动物的灭绝。人类的活动已经导致整个环境遭到破坏，同时不知不觉中也导致人类在自然灾难中死亡。另一方面，人类也可以改善自然环境，创造出更多惊人的美丽地方。人类的这一职责迫使我们面对这些似乎矛盾的行为。我们破坏，我们建设，我们修复。我们应当意识到人类的每个行为终将受到裁决——在不远的将来——作为人类所有行为的一部分。我们应当摒弃傲慢与懦弱。人类居于食物链的顶端，必须对自己的过去和将来负责。我们选择的职业是行动的责任而不是拒绝。

社会职责需要弄清楚我们有什么遗产，以及我们将会为后代留下什么。有关可持续发展的一个恰当定义——“既满足当代人的需求，又不损害后代人满足其需求的能力的发展”——可以被理解为“几代人之间的联合”。每一次土地转换利用，我们不得不考虑过去几代人的贡献。与此同时，我们应当保证当前一代人的发展而不影响后代人的发展。可持续发展意味着采取实际行动（这意味着我们的行为应提前安排）以增加实际资源的价值。

能力责任（或称设计职责）特别是指那些涉及“设计权威”的土地设计和景观设计。城市设计师、建筑师、景观设计师，以及城市和地区规划者——而不是其他专业人士或者公共管理者、私人经理、土地所有者或者普通居民——必须能够使用他们的技能和能力表达出创造性的意图，这些意图需要结合专业知识以及管理整个过程的能力。

在自然界和人类生活中，能力职责和设计权威并不同于权威主义和傲慢。通过一个工程（如欧洲景观会议以及世界各地从业者的职业爱好所指出的）来满足一个人的愿望，意味着使用最好的技术让设计愿景和自然环境达到最精确的解释。设计权威也意味着使设计过程适应社会和生态环境。项目的设计至少和项目的实施过程一样重要。项目可能是项目设计过程的最终结果，公民身份的一种有力的表达，而不仅仅是各利害关系方需求的表达。通过文本可以评价一个项目，然而项目的完整性取决于它能否成为城市和社会结构的一部分。项目的评估不仅基于它产生的建筑环境而且基于整个过程中不同参与者按预期实现的结果。

## 城市设计过程和管理

半个多世纪前，凯文·林奇（1958，引自 Banerjee and Southworth，

1990：383）通过描写“附加框架”阐述了接近城市设计的内容，在这个框架结构中“基本单位严格标准化，顽固得像一块砖。设计的灵活性取决于系列单位所采用的组织方式，也取决于各部分的可交换性。整体模式不是高度组织的，本质上却具有附属性：外围单元的增长不会影响中心框架结构。”1958年，林奇在一篇关于“环境适应性”的文章中引入这一概念，他将其解释为一种能力，一种可以使城市空间的组织适应相关功能、集中度以及交流情况变化的能力。最近，分形理论认为，世界是一个自相似系统。分形本质上是几何学上构成建筑的块状物。另一种与林奇的环境适应性相符合的理论是城市韧性，具体来说，按马里纳·阿尔贝蒂和约翰·马兹卢夫（2004）的定义，城市韧性是由人类活动模式以及在不同尺度上控制和反控制社会经济和生物物理工程的自然栖息地共同决定的功能。彼得·纽曼，蒂姆·比特利以及希瑟·波伊尔（2009：7）指出，城市需要使用韧性思维“应对资源的削减，以保证城市能正常运行”。

在自然生态系统中，每个物种都有适应其生存和繁衍的栖息地。城市是一个人类生态系统，城市设计是我们适应城市的工具。我们学习越来越多的知识，思考人类的行为对于其他物种和后代的影响。我们也应越来越意识到如何设计才能使自然生态系统提供的服务最大化。

当我们规划未来城市时，很显然，对于我们如何适应城市并没有单一的解决方案。虽然有很多种方案，但某些方法可以以最少的花费获得最大的收益。城市设计的艺术就是找出这些理想的途径，然后商讨它们涉及的内容。

世界变得越来越城市化，现在超过一半的地球人口居住在城市地区。因此，城市设计具有深远的社会和环境影响。人们被城市提供的更多机会所吸引：工作、娱乐、教育、文化以及医疗服务。尽管城市生活有很多优点，其存在的问题也比比皆是：犯罪、贫穷、污染、无家可归以及健康危害。汽车尾气的排放、燃烧燃料以加热或者制冷环境、工业及商业燃料的燃烧，都会导致呼吸道传染和其他健康问题。城市设计应有助于加强在城市中生活的好处，同时使其问题最小化。

整个20世纪，城市是许多地球资源消耗的主要原因。水、食品、材料、能源均流入到城市地区。资源推动了工业发展，同时使我们的家园变得更加舒适。许多政府部门，包括美国联邦政府均补贴了这项资金流。进入21世纪，我们必须扭转这一趋势，应使城市设计的地方成为未来资源的来源。以此理念作为出发点，更好地安排城市空间的布局、外观和功能，城市设计对有效利用废弃物以扭转资源下降的趋势很有意义。

在这一过程中，生态系统服务的概念应该是很有用的。这些都是我们生活所依赖的自然服务。例如，生态系统服务提供了清洁的空气和水分、授粉作物和分散种子，并有助于缓解极端气候。21世纪的城市设计不会减少生态系统服务，相反将有助于自然过程。

越来越多的城市设计项目说明了这个潜力。布鲁克林大桥公园是为了创造新的鸟类和海洋栖息地并管理风暴雨水，同时为当地居民提供新的休息机会（见图11.1）。在费城市中心，安德罗伯根及其同事为托马斯·杰斐逊大学的地下停车场设计了一个广场。广场从周边建筑物的空调中收集、存储和使用雨水及冷凝物（见图11.2）。

为了2010年上海世博会，土人景观设计公司在前工业棕色地带创

图 11.1 春天的布鲁克林大桥公园

建了一个海滨公园。上海后滩公园的景观设计是作为一个生命系统设计的，包括湿地、洪水控制、回收工业结构和材料。公园包括野生生物的新栖息地以及水源进化特性。2010年世博会期间，公园帮助适应大规模人员流动。世博会之后，它成为了上海永久性的公共滨水区公园（见图11.3）。

因此我们总结了城市设计的目的。如同我们一开始提到的，城市设计是由几个专业共同定义的，但是更准确的定义依赖于它们之间的公共部分。作为一个集体公共区，城市设计建立在每个集合的交叉部分。建筑学为城市设计的专业知识方面做贡献；景观建筑学是做开放区域的设计；规划是相关公共政策的理解。法律、工程、商业、社会和环境科学、历史以及地理都有各自方面的贡献。生态学提供了连接组织，这个组织将不同的部分组成一个新的整体。

图 11.2　费城托马斯·杰斐逊大学健康科学校园新建广场，2009

图 11.3　上海后滩公园

大多数有关城市设计的书籍从它的定义开始，我们从未碰到以其定义作为书的结尾的，这本书将会是一个例外。对我们来说，城市设计涉及公共空间的精巧和民主的安排。这涉及私人地方以外我们占据的较好生活区域，这些区域并非私人所有。因此，这些地方的设计需要极大的灵活性。不过，我们的旅行路线图可能对此有用。

有关城市设计和规划的新思想是必要的，因为城市化带来了巨大的社会和环境挑战。我们生活在第一个城市的世纪，第一次和全世界过半的人口生活在城市地区。随着世界人口数量的增加，预计生活在大城市中的人口比例也会增加。过去我们进一步继续发展的后果是清晰的：能源的使用、建筑物和交通系统使用的绿色天然气的需求量增加；水污染、空气污染加重；宝贵栖息地和基本农田的消失；以及一些社会问题，诸如犯罪和贫困化也在加剧。

城市生态设计确认了一些显而易见的内容：人们与其他人和其他物种之间的交流，如同人类与建筑物和自然环境之间的互动。城市是人类的生态系统。通过这样的设计，城市生态系统服务可以得到改善。生态系统服务可以定义为我们从自然获得的恩赐，如食物、水源和能源；调整后的服务，例如净化过的水、碳封存、气候调节、废物分解和脱毒、农作物授粉、病虫害的控制；支持性的服务，例如营养的消化和循环，种子传播；文化服务，包括文化、知识及精神灵感、休闲体验、生态旅游和科学发现。当我们为满足城市的各类需求，以增强生态服务系统功能并应对未来环境的挑战时，城市生态设计工作显得至关重要。

# 参考文献


Abbott, Mark K.1985. *The Master Plan: The Life and Death of an Idea*. PhD diss., Purdue University, West Lafayette, Indiana.

Abercrombie, Patrick.1945. *Greater London Plan 1944*. London: Her Majesty's Stationery Office.

Ahern, Jack, Elizabeth Leduc, and Mary Lee York.2007. *Biodiversity Planning and Design: Sustainable Practices*. Washington, DC: Island Press.

Alberti, Marina.2008. *Advances in Urban Ecology: Integrating Humans with Ecological Processes in Urban Ecosystems*. New York: Springer.

Alberti, Marina, and John Marzluff.2004."Ecological Resilience in Urban Ecosystems: Linking Urban Patterns to Human and Ecological Functions." *Urban Ecosystems* 7: 241–265.

Al-Kodmany, Kheir.2000."GIS in the Urban Landscape: Reconfiguring Neighbourhood Planning and Design Processes." *Landscape Research* 25(1): 5–28.

Alley, Michael.1996. *The Craft of Scientific Writing*. 3rd ed.New York: Springer Science + Business Media.

Almy, Dean, ed.2007. *Center 14: On Landscape Urbanism*. Austin: Center for American Architecture and Design, School of Architecture, the University of Texas at Austin.

American Institute of Architects.2007. *Architecture Graphic Standards*. 11th ed.Hoboken, NJ: John Wiley & Sons.

American Planning Association.2006. *Planning and Urban Design Standards*. Hoboken, NJ: John Wiley & Sons.

Arnstein, Sherry R.1969."A Ladder of Citizen Participation." *Journal of the American Institute of Planners* 35(4): 216–224.

Anderson, Larz.1995. *Guidelines for Preparing Urban Plans*. Washington, DC: American Planning Association Press.

Anderson, Larz T., William R.Klein, and Stuart Meck.2007."Plan Making." In *Planning and Urban Design Standards*, edited by Frederick Steiner and Kent Butler, 3–5.Hoboken, NJ: John Wiley & Sons.

Appleyard, Donald, Kevin Lynch, and John R.Myer.1964. *The View from the Road*. Cambridge, MA: MIT Press.

Arizona State University.2007."Geographer's Computer Model Helps Predict Crowd Behavior."*ASU Insight* (May 25).http: //asunews.asu.edu/files/20070525.pdf (accessed July 21, 2011).

Association of Collegiate Schools of Planning(ACSP).2007. *Guide to Undergraduate and Graduate Education in Urban and Regional Planning*. 13th ed.http: //www.acsp.org/sites/default/ files/ACSP_13th_Edition_Guide_FullWeb_Printable.pdf (accessed July 28, 2011).

Bacon, Edmund N.1974. *Design of Cities*. Rev.ed.New York: Penguin Books.

Baker, L.A., A.J.Brazel, N.Selover, C.Martin, N.McIntyre, F.R.Steiner, A.Nelson, and L.Musacchio.2002."Urbanization and Warming of Phoenix (Arizona, USA): Impacts, Feedback, and Mitigation." *Urban Ecosystems* 6(3): 188–203.

Ballymun Regeneration Limited.2004. *Ballymun Masterplan*. http: //www.brl.ie (accessed June 16, 2010).

Banerjee, Tridib, and Michael Southworth.1990."Kevin Lynch: His Life and Work." In *City Sense and City Design: Writings and Projects of Kevin Lynch*. Edited by Tridib Banerjee and Michael Southworth, 1–34.Cambridge, MA: MIT Press.

Baradaran, Siamak.2001. *The Influence of Deterrence Function in Large Scale Accessibility Models: Baltic Sea Region as a Part of Europe, GIS-Analysis of the Transport Infrastructure and Accessibility*. Stockholm, Sweden: Royal Institute of Technology.

Baradaran, Siamak, and Farideh Ramjerdi.2001."Performance of Accessibility Measures in Europe." *Journal of Transportation and Statistics* (September/December): 31–48.

Barnett, Jonathan.1982. *An Introduction to Urban Design*. New York: Harper & Row.

——.1995. *The Fractured Metropolis: Improving the New City, Restoring the Old City,*

*Reshaping the Region*. New York: Icon Editions.

——.2011. *City Design: Modernist, Traditional, Green and Systems Perspectives*. Oxford, United Kingdom: Routledge.

Bassett, Edward M.1938. *The Master Plan: With a Discussion of the Theory of Community Land Planning Legislation*. New York: Russell Sage Foundation.

Batty, Michael, Martin Dodge, Bin Jiang, and Andy Smith.1998."GIS and Urban Design."London: Centre for Advanced Spatial Analysis, University College.http: //www.casa.ucl.ac.uk/working_papers/paper3.pdf(accessed June 9, 2010).

BBC News.2009."The Problem with PowerPoint." *BBC News Magazine* (August 19). http: //news.bbc.co.uk/go/pr/fr/-/2/hi/uk_news/magazine/8207849.stm(accessed July 13, 2010).

Beatley, Timothy.2011. *Biophilic Cities: Integrating Nature into Urban Design and Planning*. Washington, DC: Island Press.

Beatley, Timothy, with Peter Newman.2008. *Green Urbanism Down Under: Learning from Australia's Sustainable Communities*. Washington, DC: Island Press.

Benyus, Janine.2002. *Biomimicry: Innovation Inspired by Nature*. New York: Harper Perennial.

Berrizbeitia, Anita, ed.2009. *Reconstructing Urban Landscape: Michael Van Valkenburgh Associates*. New Haven, CT: Yale University Press.

Bevilacqua, Mario, ed.2005. *Nolli, Vasi, Piranesi, Immagine di Roma Antica e Moderna* [Nolli, Vasi, Piranesi, Ancient and Modern Image of Rome].Rome: Artemide.

Blyth, Alaistair, and John Worthington.2001. *Managing the Brief for Better Design*. London: SPON Press.

Bosselman, Fred, and David Callies.1971. *The Quiet Revolution in Land Use Control* (prepared for the Council on Environmental Quality).Washington, DC: U.S.Government Printing Office.

Brawne, Michael.2003. *Architectural Thoughts: The Design Process and the Expected Eye*. Amsterdam: Elsevier.

Bristol Airport.2006. *Master Plan 2006–2030*. Bristol Airport, Bristol, England(November).http: //www.bristolairport.co.uk/about-us/our-future/master-plan.aspx(accessed February 14, 2011).

Buechner, Robert D., ed.1971. *National Park, Recreation and Open Space Standards*. Washington, DC: National Recreation and Park Association.The Builder.1908."The Systematic Study of Town Planning." *The Builder* 95 (December 12).http: //www.library.cornell.edu/Reps/DOCS/liverpool.htm(accessed March 15, 2009).

Bürklin, Thorsten, and Michael Peterek.2008. *Urban Building Blocks*. Basel, Switzerland: Birkhäuser.Calatrava, Santiago.2009. *University of South Florida Polytechnic, 2010–2020 Master Plan Update*. http: //www.poly.usf.edu/Documents/CampusFacilities/I-4/Master-Plan/2010_MASTER _PLAN_UPDATE_091106.pdf(accessed June 17, 2010).

Calthorpe, Peter.1993. *The Next American Metropolis: Ecology, Community, and the American Dream*. New York: Princeton Architectural Press.

——.2011. *Urbanism in the Age of Climate Change*. Washington, DC: Island Press.

Calthorpe, Peter, Michael Corbett, Andrés Duany, Elizabeth Plater-Zyberk, Stefanos Polyzoides, and Elizabeth Moule with Judy Corbett, Peter Katz, and Steve Weissman.1998."The Ahwahnee Principles." In *Creating Sustainable Places Symposium*, edited by A.B.Morris, 3–6.Tempe: Herberger Center for Design Excellence, Arizona State University.

Calthorpe, Peter, and William Fulton.2001. *The Regional City: Planning for the End of Sprawl*. Washington, DC: Island Press.

Cantrell, Bradley, and Wes Michaels.2010. *Digital Drawing for Landscape Architecture*. Hoboken, NJ: John Wiley & Sons.

Carmona, Matthew.2010."Contemporary Public Space, Part Two: Classification." *Journal of Urban Design* 15(2): 157–173.

Carmona, Matthew, Tim Heath, Taner Oc, and Steve Tiesdell.2003. *Public Places-Urban Spaces.The Dimensions of Urban Design*. Oxford, United Kingdom: Architectural Press.

Carmona, Matthew, Claudio de Magalhães, and Michael Edwards.2002."What Value Urban Design？" *Urban Design International* 7(2): 63–81.

Carmona, Matthew, and Steve Tiesdell, eds.2007. *Urban Design Reader*. Oxford, United Kingdom: Architectural Press.

Carter, Don.2007."Urban Design Plans." In *Planning and Urban Design Standards*, edited by Frederick Steiner and Kent Butler, 10–13.Hoboken, NJ: John Wiley & Sons.

Centre for Addiction and Mental Health, Toronto, Ontario, Canada.2001–2002. *Master Plan for the Centre for Addiction and Mental Health*. http: //www.camh.net/News_events/ Redeveloping_the_Queen_Street_site(accessed February 14, 2011).

Cesar Pelli & Associates and Balmori Associates, Inc.1999. *The Campus Master Plan: The University of Texas at Austin*. Austin: University of Texas at Austin.

Checkoway, Barry.1994."Paul Davidoff and Advocacy Planning in Retrospect." *Journal of the American Planning Association* 60(2): 139–143.

City of Nottingham, England.2001. *Waterside Regeneration Interim Planning Guidance*. http: // www.nottinghamcity.gov.uk/CHttpHandler.ashx ? id=718&p=0(accessed February 14, 2011).

City of Perth.N.d."Point Fraser Redevelopment." http: //www.perth.wa.gov.au/web/Council/Plans-and-Projects/Current-Projects/Point-Fraser-Redevelopment(accessed July 17, 2011).

City of Reykjavík, Department of Planning and Building.2007. *Planning Vatnsmyri: Consultation Days*. http: //www.vatnsmyri.is(accessed March 2, 2007).

Civic Alliance.2002a. *Civic Alliance Planning and Design Workshop*. http: //www.civic-alliance.org(accessed June 16, 2010).

——.2002b. *Civic Alliance Planning and Design Workshop for Lower Manhattan: Executive Summary*. http: //www.civic-alliance.org(accessed June 16, 2010).

——.2002c. *Listening to the City: Report of Proceedings*. http: //www.civic-alliance.org(accessed June 16, 2010).

Civic Alliance and Regional Plan Association.2002. *A Planning Framework to Rebuild Downtown New York*. http: //www.rpa.org/civicalliance/pdf/Framework0827.pdf (accessed July 28, 2011).

Clawson, Marion, and Peter Hall.1973. *Planning and Urban Growth: An Anglo-American Comparison*. Baltimore, MD: Resources for the Future, Johns Hopkins University Press.

Congress for the New Urbanism.1996. *Charter of the New Urbanism*. http: //www.cnu.org/charter(accessed February 7, 2011).

——.2009. *Canons of Sustainable Architecture and Urbanism: A Companion to the Charter of the New Urbanism*. http: //www.cnu.org/canons(accessed February 7, 2011).

Corner, James.2002."Origins of Theory." In *Theory in Landscape Architecture: A Reader*, edited by Simon Swaffield, 19–20.Philadelphia: University of Pennsylvania Press.

Craig, Russell J., and Joel H.Amernic.2006."PowerPoint Presentation Technology and the Dynamics of Teaching." *Innovative Higher Education* 31: 147–160.

Creighton, James L.1981. *The Public Involvement Manual*. Cambridge, MA: Abt Books.

——.1992. *Involving Citizens in Community Decision Making: A Guidebook*. Washington, DC: Program for Community Problem Solving.

——.2005. *The Public Participation Handbook: Making Better Decisions through Citizen Involvement*. San Francisco: Jossey-Bass.

Cullen, Gordon.1961. *Townscape*. London: Architectural Press.

Cullingworth, J.Barry.1993. *The Political Culture of Planning: American Land Use Planning in Comparative Perspective*. New York: Routledge.

Cullingworth, Barry, and Roger W.Caves.2003. *Planning in the USA: Policies, Issues, and Processes*. 3rd ed.New York: Routledge.

Cullingworth, Barry, and Vincent Nadin.2006. *Town and Country Planning in the UK*. 14th ed.London: Routledge.

Cuthbert, Alexander R.2007."Urban Design: Requiem for an Era." *Urban Design International* 12: 177–223.

Day, A.Robert, and Barbara Gastel.2006. *How to Write and Publish a Scientific Paper*. 6th ed.Cambridge: Cambridge University Press.

Davis, Martha.2005. *Scientific Papers and Presentations*. 2nd ed.Burlington, MA: Academic Press.

DeGrove, John M., and Nancy E.Stroud.1987."State Land Planning and Regulation: Innovative Roles in the 1980s and Beyond." *Land Use Law and Zoning Digest* 39(3): 3–8.

Delafons, John.1962. *Land Use Controls in the United States*. Cambridge, MA: Joint Center for Urban Studies of the Massachusetts Institute of Technology and Harvard University.

Design Trust for Public Space and City of New York Parks & Recreation.2010. *High Performance Landscape Guidelines: 21st Century Parks for NYC*. New York.

Diamond, Henry L., and Patrick F.Noonan.1996. *Land Use in America: The Report of the Sustainable Use of Land Project*. Washington, DC: Island Press.

Dobbins, Michael.2009. *Urban Design and People*. Hoboken, NJ: John Wiley & Sons.

Duany, Andrés, and Elizabeth Plater-Zyberk.1997."Il lessico del New Urbanism" [The lexicon of New Urbanism].In Danilo Palazzo(ed.), "Orientamenti di pianificazione ambientale negli Stati Uniti" [Orientations of environmental planning in the United States], *Urbanistica* 108(gennaio-giugno): 67–69.

Dublin Docklands Development Authority.2008. *Dublin Docklands Area Master Plan 2008*. http: //www.ddda.ie/index.jsp ? p=123&n=484(accessed February 14, 2011).

Duhl, Leonard J., and John Powell, eds.1968. *The Urban Condition: People and Policy in the Metropolis*. New York: Basic Books.

Dutton, John A.2000. *New American Urbanism.Re-forming the Suburban Metropolis*. Milan, Italy: Skira Editore.

Envision Central Texas(ECT).2003a."Bastrop, Proposed Urban Design Guidelines." http: //www.envisioncentraltexas.org/resources/Bastrop_Guidelines.pdf(accessed

July 21, 2011).

——.2003b."Bastrop, Test Site Concept Plan."http: //www.envisioncentraltexas.org/resources/Bastrop_Summary.pdf(accessed July 21, 2011).

——.2003c."Downtown Lockhart, Proposed Urban Design Guidelines." http: //www.envisioncentraltexas.org/resources/Lockhart_Guidelines.pdf(accessed July 21, 2011).

——.2003d."Downtown Lockhart, Test Site Concept Plan." http: //www.envisioncentraltexas.org/resources/Lockhart_Summary.pdf (accessed July 21, 2011).

——.2003e."Downtown Pflugerville, Proposed Urban Design Guidelines." http: //www.envisioncentraltexas.org/resources/Pflugerville_Guidelines.pdf(accessed July 21, 2011).

——.2003f."Downtown Pflugerville, Test Site Concept Plan." http: //www.envisioncentraltexas.org/resources/Pflugerville_Summary.pdf(accessed July 21, 2011).

——.2003g."East Austin Rail Corridor Featherlite Tract, Proposed Urban Design Guidelines."http: //www.envisioncentraltexas.org/resources/EastAustin_Guidelines.pdf(accessed July 21, 2011).

——.2003h."East Austin Rail Corridor Featherlite Tract, Test Site Concept Plan." http: //www.envisioncentraltexas.org/resources/EastAustin_Summary.pdf(accessed July 21, 2011).

——.2003i."ECT Scenarios Summaries." http: //envisioncentraltexas.org/resources/3_Scenario_Summaries_v2.pdf(accessed July 21, 2011).

——.2003j."Executive Summary." http: //www.envisioncentraltexas.org/resources/1_Exec_Summary.pdf(accessed July 21, 2011).

——.2003l."McNeil Junction, Proposed Urban Design Guidelines." http: //envisioncentraltexas.org/resources/McNeil_guidelines.pdf(accessed July 21, 2011).

——.2003l."McNeil Junction, Test Site Concept Plan." http: //www.envisioncentraltexas.org/resources/McNeil_Summary.pdf(accessed July 21, 2011).

——.2003m."Resources: Scenario Briefing Packet." http: //www.envisioncentraltexas.org/resources.php(accessed July 21, 2011).

——.2004."A Vision for Central Texas." http: //www.envisioncentraltexas.org/resources/ECT_visiondoc.pdf(accessed July 21, 2011).

Faga, Barbara.2006. *Designing Public Consensus: The Civic Theater of Community Participation for Architects, Landscape Architects, Planners, and Urban Designers*. Hoboken, NJ: John Wiley & Sons.

Fisher-Gewirtzman, Dafna, Dalit Shach Pinsly, Israel A.Wagner, and Michael Burt.2005."View-Oriented Three-Dimensional Visual Analysis Models for the Urban Environment." *Urban Design International* 10: 23–37.

Flint, Anthony.2009. *Wrestling with Moses: How Jane Jacobs Took on New York's Builder and Transformed the American City*. New York: Random House.

Fossa, Giovanna, Robert Lane, Danilo Palazzo, and Robert Pirani.2002. *Trasformare i luoghi della produzione/Transforming the Places of Production*. Milan, Italy: Edizioni Olivares.

Francis, Mark.2001."A Case Study Method for Landscape Architecture." *Landscape Journal* 20: 15–29.

——.2003a. *Urban Space: Designing for User Needs*. Washington, DC: Island Press.

——.2003b. *Village Homes: A Community by Design*. Washington, DC: Island Press.

Fregonese Calthorpe Associates.2003."Survey Results." http: //www.envisioncentraltexas.org/resources/SummaryofResults.pdf(accessed July 21, 2011).

Gaskins, Robert.2007."PowerPoint at 20: Back to Basics." *Communications of the ACM* 50(12): 15–17.

Gastil, Raymond W., and Zoë Ryan.2004."Introduction." In *Open: New Design for Public Space*, edited by Raymond W.Gastil and Zoë Ryan, 8–9.New York: Van Alen Institute.

Gehl, Jan.1987. *Life between Buildings: Using Public Space*. New York: Van Nostrand Reinhold.First published in 1971 as *Livet mellem fusene*. Copenhagen: Arkitektens Forlag.

——.2010. *City and Town Life*. Washington, DC: Island Press.

Gehl, Jan, and Lars Gemzoe.1996. *Public Spaces–Public Life*. Copenhagen: Danish Architectural Press.

——.2000. *New City Spaces*. Copenhagen: Danish Architectural Press.

Gil, Efraim, and Enid Lucchesi.1979."Citizen Participation in Planning." In *The Practice of Local Government Planning*, edited by Frank So, Israel Stollman, Frank Beal, and David S.Arnold, 552–575.Washington, DC: International City Management Association.

Girling, Cynthia, and Ronald Kellett.2005. *Skinny Streets and Green Neighborhoods: Design for Environment and Community*. Washington, DC: Island Press.

Givoni, Baruch.1998. *Climate Consideration in Building and Urban Design*. New York: John Wiley & Sons.

Goldberger, Paul.2004. *Up from Zero: Politics, Architecture, and the Rebuilding of New York*. New York: Random House.

Goodman, Robert.1971. *After the Planners*. New York: Simon & Schuster.

Gore, Al.2009. *Our Choice: A Plan to Solve the Climate Crisis*. Emmaus, PA: Rodale.

Grant, Jill.2006. *Planning the Good Community: New Urbanism in Theory and Practice*. New York: Routledge.

Gustavii, Björn.2003. *How to Write and Illustrate a Scientific Paper*. Cambridge: Cambridge University Press.

HafenCity, Hamburg, Germany.1999. *Master Plan Concept for the HafenCity*(March). http: //www.hafencity.com/en/overview.html(accessed February 14, 2011).

Hall, Kenneth B., and Gerald A.Porterfield.2001. *Community by Design: New Urbanism for Suburbs and Small Communities*. New York: McGraw-Hill.

Hall, Peter.1982. *Great Planning Disasters*. Berkeley: University of California Press.

——.1995."Bringing Abercrombie out of the Shades." *Town Planning Review* 66(3): 227–241.

——.2002. *Cities of Tomorrow*. 3rd ed.Oxford: Blackwell Publishing.

Hammer, Stephen, and Adam Hinge.2009. *Battery Park City Green Building Guidelines*. New York: Center for Energy, Marine Transportation and Public Policy, Columbia University.

Handy, Susan.1992. *Regional Versus Local Accessibility: Variations in Suburban Form and the Effects on Non-work Travel*. PhD diss., Department of City and Regional Planning, University of California at Berkeley.

Handy, Susan L., and Debbie A.Niemcier.1997."Measuring Accessibility: An Exploration of Issues and Alternatives." *Environment and Planning A* 29: 1175–1194.

Hargreaves Associates, The University Architect.1995. *University of Cincinnati: The Master Plan Update I*. Cincinnati, Ohio: University of Cincinnati.

——.2000. *University of Cincinnati: The Master Plan Update II*. Cincinnati, Ohio: University of Cincinnati.

Hawkes, Peter, Sheila Cooper, Vincent Nadin, David Shaw, and Tim Westlake, eds.1996. *The EU Compendium of Spatial Planning Systems and Policies*. Brussels, Belgium: European Union Commission, Directorate General for Policy and Cohesion.

Hillier, Bill, and Julienne Hanson.1984. *The Social Logic of Space*. Cambridge: Cambridge University Press.

Hopper, Leonard J., ed.2006. *Landscape Architecture Graphic Standards*. Hoboken, NJ: John Wiley & Sons.

Hou, Jeffrey, Julie M.Johnson, and Laura J.Lawson.2009. *Greening Cities, Growing*

*Communities: Urban Community Gardens the Seattle Way*. Seattle: University of Washington Press.

Hwang, Jie-Eun, and Kimberlie Koile.2005."Heuristic Nolli Map: Representing the Public Domain in Urban Space." *Proceedings of CUPUM05* 1(July): 16.http: //publications.csail.mit.edu/abstracts/abstracts05/hwang-koile/hwang-koile.html(accessed July 28, 2011).

Institute for Participatory Management and Planning.1978. *Citizen Participation Handbook*. Laramie, WY: Institute for Participatory Management and Planning.

International Association for Public Participation(IAP2).2007."IAP2 Spectrum of Public Participation."http: //www.iap2.org/associations/4748/files/IAP2%20 Spectrum_vertical.pdf (accessed July 17, 2011).

Involve.2005. *People and Participation: How to Put Citizens at the Heart of Decision-Making*. London: Involve.http: //www.involve.org.uk(accessed July 2, 2010).

Irace, Fulvio(a cura di).2007. *Renzo Piano.Le città visibili* [Renzo Piano.The visible cities]. Milan, Italy: Triennale Electa.

Jacobs, Jane.1961. *The Death and Life of Great American Cities*. New York: Random House.

Jenks, Mike, and Colin Jones.2010. *Dimensions of the Sustainable City: Future City 2*. London: Springer.

Jones, Allan M.2003."The Use and Abuse of PowerPoint in Teaching and Learning in the Life Sciences: A Personal View." *BEE-j* 2(November)(electronic journal).http: //bio.ltsn.ac.uk/journal/vol2/beej-2-3.pdf(accessed June 16, 2010).

Katz, Peter.1994. *The New Urbanism: Toward an Architecture of Community*.New York: McGraw-Hill.

Kayden, Jerold S., Department of City Planning of the City of New York, and Municipal Art Society of New York.2000. *Privately Owned Public Space: The New York City Experience*. New York: John Wiley & Sons.

Kolson, Kenneth.2001. *Big Plans: The Allure and Folly of Urban Design*. Baltimore, MD: Johns Hopkins University Press.

Lancaster, Roger A.1983. *Recreation, Park and Open Space Standards and Guidelines*. Alexandria, VA: National Recreation and Park Association.

——, ed.1990. *Recreation, Park, and Open Space Standards and Guidelines*. Ashburn, VA: National Recreation and Park Association.

Lane, Robert, and Robert Pirani.2003."Sacred and Profane-Remaking Lower Manhattan."Slideshow presentation at a seminar organized by Danilo Palazzo and Giovanna Fossa, held at the Centro di Cinematografia Scientifica, Milan

Polytechnic, February 5, 2003.

Lang, Jon.1994. *Urban Design: The American Experience*. New York: John Wiley & Sons.

——.2005. *Urban Design: A Typology of Procedures and Products*. Amsterdam: Architectural Press/Elsevier.

Leach, John Craig.1992. *Planners and the Public: A Communication Gap*. Master of Environmental Planning thesis, School of Planning and Landscape Architecture, Arizona State University, Tempe.

Leone, Nicola Giuliano.2004. *Elementi della città e dell'urbanistica* [Components of the city and urbanism]. Palermo, Italy: Palumbo.

Leupen, Bernard, Christoph Grafe, Nicola Körnig, Marc Lampe, and Peter de Zeeuw.1997. *Design and Analysis*. Rotterdam: 010 Publishers.

Liddell, Henry George, and Robert Scott.1940. *A Greek-English Lexicon* (revised and augmented throughout by Sir Henry Stuart Jones with the assistance of Roderick McKenzie).Oxford: Clarendon Press.http: //www.perseus.tufts.edu(accessed August 22, 2010).

Lloyd Jones, Tony.2001."The Design Process." In *Approaching Urban Design: The Design Process*, edited by Marion Roberts and Clara Greed, 51–56.Harlow, United Kingdom: Pearson Education Limited.

Local Government Commission.1991. *The Ahwahnee Principles*. Sacramento, CA: Local Government Commission.

Low, Nicholas, Brendan Gleeson, Ray Green, and Darko Radovic.2005. *The Green City: Sustainable Homes Sustainable Suburbs*. Sydney: University of South Wales Press.

Luccarelli, Mark.1995. *Lewis Mumford and the Ecological Region: The Politics of Planning*. New York: Guilford.

Lynch, Kevin.1958."Environmental Adaptability." *Journal of the American Institute of Planners* 24(1): 16–24.Reprinted in Tridib Banerjee and Michael Southworth, eds., *City Sense and City Design: Writings and Projects of Kevin Lynch* (Cambridge, MA: MIT Press, 1990), 379–397.

——.1960. *The Image of the City*. Cambridge, MA: MIT Press.

——.1976. *Managing the Sense of a Region*. Cambridge, MA: MIT Press.

——.1984. *Good City Form*. Cambridge, MA: MIT Press.

——.1990."The Travel Journal(1952–1953)." In *City Sense and City Design: Writings and Projects of Kevin Lynch*, edited by Tridib Banerjee and Michael Southworth, 103–134.Cambridge, MA: MIT Press.

Lynch, Kevin, and Gary Hack.1984. *Site Planning*. 3rd ed.Cambridge, MA: MIT Press.

MacKaye, Benton.1940."Regional Planning and Ecology." *Ecological Monographs* 10(3): 349–353.

Madanipour, Ali.1996. *Design of Urban Space: An Inquiry into a Socio-spatial Process*. New York: John Wiley & Sons.

——.2006."Roles and Challenges of Urban Design." *Journal of Urban Design* 11(2): 173–193.

Malfroy, Sylvain.2001."Urban Morphology and Project Consulting: A Berlin Experience." *Urban Morphology* 5(2): 63–80.

Mandoli, Dina F.2007."How to Make a Great Poster." http: //www.aspb.org(accessed June 16, 2010).

Marsh, Chris.2001."Urban Design and Development Economics." In *Approaching Urban Design: The Design Process*, edited by Marion Roberts and Clara Greed, 105–117.Harlow, Essex, United Kingdom: Pearson Education Limited.

Marsh, George Perkins.1864. *Man and Nature*. New York: Charles Scribner.

McGrath, Brian.1994. *Transparent Cities*. New York: Sites Books.

McHarg, Ian.1963."Man and Environment." In *The Urban Condition: People and Policy in the Metropolis*, edited by Leonard J.Duhl and John Powell, 44–58.New York: Basic Books.Reprinted in Frederick R.Steiner, ed., *The Essential Ian McHarg: Writings on Design and Nature* (Washington, DC: Island Press, 2006), 1–14.

——.1966."Ecological Determinism." In *Future Environments of North America*, edited by F.Fraser Darling and John P.Milton, 526–538.Garden City, NY: Natural History Press.

——.1969. *Design with Nature*. New York: Natural History Press/Doubleday.

——.1981."Human Ecological Planning at Pennsylvania." *Landscape Planning* 8: 109–120.

——.1997."Ecology and Design." In *Ecological Design and Planning*, edited by George F.Thompson and Frederick Steiner, 321–332.New York: John Wiley & Sons.

McHarg, Ian L., and Frederick R.Steiner, eds.1998. *To Heal the Earth: Selected Writings of Ian L.McHarg*. Washington, DC: Island Press.

McManus, Phil, and Graham Haughton.2006."Planning with Ecological Footprints: A Sympathetic Critique of Theory and Practice." *Environment and Urbanization* 18(1): 113–127.

Meeda, Bally, Neil Parkyn, and David Stuart Walton.2006. *Graphics for Urban Design*.

London: Thomas Telford Limited.

Mertes, James D., and James R.Hall.1996. *Park, Recreation, Open Space and Greenway Guidelines*. Ashburn, VA: National Recreation and Park Association.

Meyer, Elizabeth K.1997."The Expanded Field of Landscape Architecture." In *Ecological Design and Planning*, edited by George F.Thompson and Frederick R.Steiner, 45–79.New York: John Wiley & Sons.

Morris, Smith Eleanor.1997. *British Town Planning and Urban Design: Principles and Policies*. Harlow, Essex, United Kingdom: Addison Wesley Longman Limited.

Mostafavi, Mohsen, ed., with Gareth Doherty.2010. *Ecological Urbanism*. Baden, Switzerland: Lars Müller Publishers.

Moudon, Anne Vernez.1997."Urban Morphology as an Emerging Interdisciplinary Field." *Urban Morphology* 1(1): 3–10.

Moughtin, Cliff, Rafael Cuesta, Christine Sarris, and Paola Signoretta.2004. *Urban Design: Method and Techniques*. 2nd ed.Amsterdam: Architectural Press/Elsevier.

Mumford, Lewis.1938. *The Culture of Cities*. New York: Harcourt, Brace and Company.

Municipal Research and Services Center of Washington.1994. *Level of Service Standards Measures for Maintaining the Quality of Community Life*. Report no.31, 1–127. http: //www.mrsc.org/Publications/levelservstandard.pdf#Page=20(accessed July 28, 2011).

National Charrette Institute.2007."Charrettes." In *Planning and Urban Design Standards*, edited by Frederick Steiner and Kent Butler, 41–42.Hoboken, NJ: John Wiley & Sons.

Ndubisi, Foster.2002. *Ecological Planning: A Historical and Comparative Synthesis*. Baltimore, MD: Johns Hopkins University Press.

Neuhart, John, Marilyn Neuhart, and Ray Eames.1989. *Eames Design: The Work of the Office of Charles and Ray Eames*. New York: Harry N.Abrams.

New London Architecture.2006. *Turning the Tide: Regenerating London's Thames Gateway*. http: //www.rudi.net(accessed June 16, 2010).

Newman, Peter, Timothy Beatley, and Heather Boyer.2009. *Resilient Cities: Responding to Peak Oil and Climate Change*. Washington, DC: Island Press.

New York New Visions(NYNV).2002a. *Possible Futures: Draft for Discussion*. http: //nynv.aiga.org/pdfs/Possible_Futures_LO.pdf(accessed September 5, 2010).

——.2002b. *Principles for the Rebuilding of Lower Manhattan*. http: //nynv.aiga.org/nynv_book.pdf(accessed September 5, 2010).

New Zealand Ministry for the Environment.2009. *Urban Design Toolkit*. 3rd ed.http: //www.mfe.govt.nz/publications/urban/urban-toolkit-2009/(accessed July 17, 2011).

Niemeier, Debbie A.1996."Accessibility: An Evaluation Using Consumer Welfare." *Transportation* 24(4): 377–396.

Nobel, Philip.2005. *Sixteen Acres: Architecture and the Outrageous Struggle for the Future of Ground Zero*. New York: Metropolitan Books.

Nolen, John.1927. *New Town for Old: Achievements in Civic Improvement in Some American Small Towns and Neighborhoods.* Boston: Marshall Jones.

Norberg-Shulz, Christian.1980. *Genius Loci: Towards a Phenomenology of Architecture*. New York: Rizzoli.

Nordenson, Guy, Catherine Seavitt, and Adam Yarinsky.2010. *On the Water/Palisade Bay*. New York: Museum of Modern Art.

North Ireland Planning Service.2004. *Open Space, Sport and Outdoor Recreation.* http: //www.planningni.gov.uk/index/policy/policy_publications/planning_statements/pps08.htm (accessed July 17, 2011).

——.2005. *Parking Standards.* http: //www.planningni.gov.uk(accessed May 5, 2010).

Oliveira, Vitor, and Paulo Pinho.2006."Study of Urban Form in Portugal: A Comparative Analysis of the Cities of Lisbon and Oporto." *Urban Design International* 11: 187–201.

Olmsted, Frederick Law, and Calvert Vaux.1868. *Preliminary Report upon the Proposed Suburban Village at Riverside, near Chicago*. New York: Sutton, Bowne & Company.Reprinted in 1982 by the Wicklander Printing Corporation, Chicago, Illinois.

Owen, David.2009. *Green Metropolis: Why Living Smaller, Closer, and Driving Less Are Keys to Sustainability*. New York: Riverhead Books.

Palazzo, Danilo.1993. *Piani paesistici in Italia e pianificazione ambientale in Nordamerica.Un confront per una riflessione sui rapporti tra discipline nella pianificazione* [Landscape plans in Italy and ecological planning in North America.A comparison to reflect on the relationship between disciplines in planning].PhD diss., Venice Instituto Universitario di Architettura, Milan Polytechnic, Turin Polytechnic.

——.1997. *Sulle spalle di giganti.Le matrici della pianificazione ambientale negli Stati Uniti* [On the shoulders of giants.The roots of ecological planning in the United States]. Milan, Italy: Franco Angeli.

——.2002. *Master Plan dell'area dell'ex-macello a Monza*. Report.Milan, Italy: Department of Architecture and Planning, Milan Polytechnic.

——.2011."Pedagogical Traditions." In *Companion to Urban Design*, edited by Tridib Banerjee and Anastasia Loukaitou-Sideris, 41–52.New York: Routledge.

Panerai, Philippe, Jean Castex, Jean-Charles Depaule, and Ivor Samuels.2004. *Urban Forms: The Death and Life of the Urban Blocks*. Oxford: Architectural Press.

Pennsylvania Housing Research Center, Pennsylvania State University.2007. *Pennsylvania Standards for Residential Site Development*. University Park, PA: Author.http: //www.engr.psu.edu/phrc/WhatWeDo/LD/download_publication.aspx(accessed July 28, 2011).

Platt, Rutherford H.1991. *Land Use Control: Geography, Law, and Public Policy*. Englewood Cliffs, NJ: Prentice-Hall.

Popper, Karl.1959. *The Logic of Scientific Discovery*. New York: Basic Books.

Porta, Sergio, Vito Latora, and Paolo Crucitti.2006."Centrality Measures in Spatial Networks of Urban Streets." *Physical Review E* 73: 036125-1–036125-5.

President's Council on Sustainable Development.1996. *Sustainable America: A New Consensus*. Washington, DC: U.S.Government Printing Office.

Project for Public Spaces(PPS).1984. *Managing Downtown Public Spaces*. Chicago: Planners Press, American Planning Association.

Regional Center Partnership of Somerset County, Regional Plan Association, and Lincoln Institute of Land Policy.1999. *Somerset County Regional Center Vision Initiative*. Draft for discussion.http: //www.rpa.org/1999/11/somerset-regional-county-cente.html(accessed July 17, 2011).

Regional Plan Association.1998. *A New Life for Governors Island*. Draft for discussion.

Register, Richard.2006. *Ecocities.Rebuilding Cities in Balance with Nature*. Gabriola Island, British Columbia: New Society Publisher.

Reilly, William K.1973. *The Use of Land: A Citizens' Policy Guide to Urban Growth*. New York: Crowell.

Renzo Piano Building Workshop(RPBW).2010."London Bridge Tower.Project Description."http: //rpbw.r.ui-pro.com(accessed May 7, 2010).

Resource for Urban Design Information(RUDI).2009a. *A List of Courses in Urban Design and Related Subjects Overseas*. http: //www.rudi.net(accessed June 25, 2009).

——.2009b. *University Courses in Urban Design and Related Subjects in the United Kingdom*. http: //www.rudi.net(accessed June 25, 2009).

Reykjavíkurborg.2007. *Vatnsmyri, Reykjavík: A Call for Ideas*. http: //www.vatnsmyri.is(accessed July 2, 2010).

Reynolds, Keith, Jennifer Bjork, Rachel Riemann Hershey, Dan Schmoldt, John Payne, Susan King, Lee DeCola, Mark Twery, and Pat Cunningham.1999."Decision Support for Ecosystem Management." In *Ecological Stewardship: A Common*

*Reference for Ecosystem Management*, vol.3, edited by William T.Sexton, Andrew J.Malk, Robert C.Szaro, and Nels C.Johnson, 687–721.Oxford: Elsevier Science.

Roberts, Marion, and Clara Greed, eds.2001. *Approaching Urban Design: The Design Process*. Harlow, Essex, United Kingdom: Pearson Education Limited.

Rocci, Lorenzo.1968. *Vocabolario Greco-Italiano*. 21st ed.Città di Castello: Società editrice Dante Alighieri.

Rodiek, Jon.2005."Human Habitats: A Focus for Design Education in the 21st Century." *Landscape and Urban Planning* 73(2/3): 81–85.

Rodin, Judith.2007. *The University and Urban Renewal: Out of the Ivory Tower and into the Streets*. Philadelphia: University of Pennsylvania Press.

Rogers, Millard F., Jr.2001. *John Nolen and Mariemont: Building a New Town in Ohio*. Baltimore, MD: Johns Hopkins University Press.

Rogers, Richards.2010."Foreword." In Jan Gehl, *City and Town Life*. Washington, DC: Island Press.

Royal Institute of British Architects(RIBA).1980. *Handbook of Architectural Practice and Management*. 4th ed.London: RIBA.

Royal Town Planning Institute(RTPI).2008. *RTPI Accredited Degree Programmes 2008–2009 Academic Year*. http: //www.rtpi.org.uk(accessed June 25, 2009).

Rydin, Yvonne.2003. *Urban and Environmental Planning in the UK*. 2nd ed.New York: Palgrave McMillan.

Safe City Committee of the City of Toronto.1992. *A Working Guide for Planning and Designing Safer Urban Environments*. Toronto: Planning and Development Department, City of Toronto.

Sale, Kirkpatrick.1993. *The Green Revolution: The American Environmental Movement 1962–1992*. Ann Arbor: University of Michigan Press.

Salheen, Mohamed, and Leslie Forsyth.2001."Addressing Distance in the Space Syntax Syntactical Model." *Urban Design International* 6: 93–110.

Saliba, Robert.1997."The Prince of Wales' Urban Design Task Force in Lebanon: The Difficult Reconciliation of Western Concepts and Local Urban Politics." *Urban Design International* 2(3): 155–168.

Samuels, Ivor.2004."Introduction to the First English-Language Edition." In *Urban Forms.The Death and Life of the Urban Blocks*, edited by Philippe Panerai, Jean Castex, Jean-CharlesDepaule, and Ivor Samuels, vi–viii.Oxford: Architectural Press.

Sanderson, Eric W.2009. *Mannahatta: A Natural History of New York City*. New York: Abrams.

Schneider, Kenneth R.2003. *On the Nature of Cities: Toward Enduring and Creative Urban Environments*. Lincoln, Nebraska: iUniverse.(First edition, 1979.)

Schneider, Krista L.2003. *The Paris-Lexington Road: Community-Based Planning and Context Sensitive Highway Design*. Washington, DC: Island Press.

Schwalbach, Gerrit.2009. *Basic Urban Analysis*. Basel: Birkhäuser.

Scottish Executive.2003. *Scottish Planning Policy Addendum to NPPG 17 Transport and Planning Maximum Parking Standards*. http: //www.scotland.gov.uk/Publications/2003/03/16663/19411 (accessed July 17, 2011).

——.2005. *Minimum Standards for Open Space*. http: //www.scotland.gov.uk/Publications/2005/07/18104215/42175(accessed July 17, 2011).

Sexton, William T., Andrew J.Malk, Robert C.Szaro, and Nels C.Johnson, eds.1999. *Ecological Stewardship: A Common Reference for Ecosystem Management*. Oxford: Elsevier Science.

Shabecoff, Philip.2003. *A Fierce Green Fire: The American Environmental Movement*. Washington, DC: Island Press.

Shirvani, Hamid.2001. *The Urban Design Process*. New York: Van Nostrand Reinhold.

Shwom, Barbara L., and Karl P.Keller.2003."The Great Man Has Spoken.Now What Do I Do? A Response to Edward R.Tufte's *The Cognitive Style of PowerPoint*." *Communication Insight* 1(1): 2–16.

Sides, H.Charles.1999. *How to Write and Present Technical Information*. Cambridge: Cambridge University Press.

Simon, Herbert.1969. *The Sciences of the Artificial*. Cambridge, MA: MIT Press.

Smith, Mary S.2005. *Shared Parking*. Washington, DC: Urban Land Institute.

Sorrel, John.2006."Foreword." In Sarah Gaventa, *New Public Spaces*, 7.London: Mitchell Beazley, Octopus Publishing Group.

Spirn, Anne Whiston.1984. *The Granite Garden: Urban Nature and Human Design*. New York: Basic Books.

——.1998. *The Language of Landscape*. New Haven, CT: Yale University Press.

——.2000."Reclaiming Common Ground: Water, Neighborhoods, and Public Spaces." In *The American Planning Tradition: Culture and Policy*, edited by Robert Fishman, 297–314.Baltimore, MD: Johns Hopkins University Press.

——.2011."Ecological Urbanism." In *Companion to Urban Design*, edited by Tridib Banerjee and Anastasia Loukaitou-Sideris, 600–610.New York: Routledge.

Steiner, Frederick.1991. *The Living Landscape: An Ecological Approach to Landscape Planning*. New York: McGraw-Hill.

——, ed.2006. *The Essential Ian McHarg: Writings on Design and Nature*. Washington,

DC: Island Press.

——.2008. *The Living Landscape: An Ecological Approach to Landscape Planning*(paperback edition).Washington, DC: Island Press.

——.2011. *Design for a Vulnerable Planet*. Austin: University of Texas Press.

Steiner, Frederick, and Dean Almy.2010."Conservation as Catalyst: Lady Bird's Urbanism." *Topos* 71: 74–79.

Steiner, Frederick, and Kent Butler, eds.2007. *Planning and Urban Design Standards* (student edition).Hoboken, NJ: John Wiley & Sons.

Steiner, Frederick, David Pijawka, and Bill Kasson.1998. *Sustainable Neighborhood Design for the Desert Southwest* (final report for the U.S.Environmental Protection Agency).Tempe: School of Planning and Landscape Architecture, Arizona State University.

Steiner, Frederick, Steven Windhager, Mark T.Simmons, Danielle Pieranunzi, and Allan Shearer.2010."The Salubrity of Sites." *Journal of Chinese Landscape Architecture* 26(6): 13–18.(In Chinese.)

Steinitz, Carl.2009."Sketches from the Road." *Landscape Architecture* 99(6): 78–83.

Strong, Ann L.1990."G.Holmes Perkins: Architect of the School's Renaissance." In *The Book of the School, 100 Years*, edited by Ann L.Strong and George E.Thomas, 131–149.Philadelphia: Graduate School of Fine Arts of the University of Pennsylvania.

Strunk, William Jr., and Elwin B.White.1999. *The Elements of Style*. 4th ed.Boston: Allyn and Bacon.

Susskind, Lawrence, and Jeffrey Cruikshank.2001. *Breaking the Impasse*. 13th ed.New York: Basic Books.

Sustainable Sites Initiative(SITES).2009. *The Case for Sustainable Landscapes*. Austin: Lady Bird Johnson Wildflower Center, University of Texas at Austin.http: //www.sustainablesites.org/report(accessed July 19, 2010).

Sydney Airport, Sydney, Australia.2009. *Sydney Airport Master Plan 2009*. http: //www.sydneyairport.com.au/SACL/Master-Plan.html(accessed February 14, 2011).

Syrinx.N.d."Point Fraser Development." http: //www.syrinx.net.au/product/key-projects/01-RE-point-fraser-development.html(accessed July 17, 2011).

Tadi, Massimo.2007. *Timis, oara 2020 Overall Vision: A Case Study*. Firenze: Alinea Editrice.

Talen, Emily.2005. *New Urbanism and American Planning*. New York: Routledge.

——.2009. *Urban Design Reclaimed: Tools, Techniques, and Strategies for Planners*. Chicago: Planners Press.

Tibbalds, Francis.1988."Mind the Gap! A Personal View of the Value of Urban Design in the Late Twentieth Century." *The Planner* 74(3): 11–15.

Till, Jeremy.2009. *Architecture Depends.* Cambridge, MA: MIT Press.

Trancik, Roger.1986. *Finding Lost Space: Theories of Urban Design*. New York: John Wiley & Sons.

Treu, Maria Cristina(team leader).1999. *Piano Particolareggiato per l'Area di Fiera Catena a Mantova* [Detailed plan for the Fiera Catena area in Mantova] .Milan, Italy: Department of Regional Science, Milan Polytechnic.

——(team leader).2001. *Documento Direttore per il Comune di Mantova* [Strategic plan of Mantua] . Milan, Italy: Department of Architecture and Planning, Milan Polytechnic.

——.2004."Un approccio ambientale alla pianificazione" [An environmental approach to planning] .In Frederick Steiner, *Costruire il paesaggio.Un approccio ecologico alla pianificazione*, 2nd ed., edited and translated by Maria Cristina Treu and Danilo Palazzo.Milan, Italy: McGraw-Hill Italia.First published as *The Living Landscape: An Ecological Approach to Landscape Planning*(New York: McGraw-Hill, 2000).

Tufte, Edward R.2003. *The Cognitive Style of PowerPoint*. Cheshire, CT: Graphics Press.

Udall, Stewart L.1988. *The Quiet Crisis and the Next Generation*. Layton, UT: Gibbs Smith.

UK Government.2002a. *Assessing Needs and Opportunities: A Companion Guide to PPG17*. http: //www.communities.gov.uk(accessed May 5, 2010).

.2002b. *Planning Policy Guidance 17: Planning for Open Space, Sport and Recreation*. http: //www.communities.gov.uk(accessed May 5, 2010).

UK Government, Department for Transport.2007. *Guidance on Transport Assessment*. http: //www.dft.gov.uk/pgr/regional/transportassessments/guidanceonta(accessed August 30, 2010).

UK Government, Department for Transport, Local Government and the Regions.2001. *Planning: Delivering a Fundamental Change*. London: UK Department for Communities and Local Government, London.http: //www.communities.gov.uk(accessed June 16, 2010).

UK Government, Department of Environment.1995. *RPG9a-The Thames Gateway Planning Framework*. http: //www.communities.go\\v.uk(accessed June 3, 2010).

United Nations.2004. *World Urbanization Prospects: The 2003 Revision*. New York: United Nations.

University of Cincinnati.1995/1999. *The Master Plan*. Update I: September 1995 and Update II: September 1999/2000.

——.2003. *Signage Policy and Standards*. http: //www.uc.edu/architect/documents/design/signage.pdf(accessed July 16, 2011).

University of South Florida Polytechnic, Lakeland, Florida, United States.2009(October). *2010–2020 Master Plan Update*. http: //poly.usf.edu/Documents/CampusFacilities/I-4/Master-Plan/2010_MASTER_PLAN_UPDATE_091106.pdf(accessed July 16, 2011).

Urban Design Associates(UDA).2003. *The Urban Design Handbook: Techniques and Working Methods*. New York: Norton.

Urban Task Force.1999. *Toward an Urban Renaissance*. London: E & FN Spon.

——.2005. *Towards a Strong Urban Renaissance*. http: //www.urbantaskforce.org/UTF_final_report.pdf(accessed February 9, 2011).

U.S.Department of Transportation, Federal Highway Administration.1983. *Calibrating and Testing a Gravity Model for Any Size Urban Area*. http: //ntl.bts.gov/DOCS/CAT.html(accessed April 27, 2010).

Veal, A.J.Tony.2008."Open Place Planning Standards in Australia: In Search of Origins."School of Leisure, Sport and Tourism Working Paper 5.Lindfield, New South Wales: University of Technology, Sydney.http: //www.business.uts.edu.au(accessed June 16, 2010).

Venturi, Robert, Denise Scott Brown, and Steven Izenour.1972. *Learning from Las Vegas*. Cambridge, MA: MIT Press.

Wackernagel, Mathis, and William Rees.1996. *Our Ecological Footprint: Reducing Human Impact on Earth*. Gabriola Island, British Columbia: New Society Publishers.

Waldheim, Charles, ed.2006. *The Landscape Urbanism Reader*. New York: Princeton Architectural Press.

Wall, Ed, and Tim Waterman.2009. *Basics Landscape Architecture: Urban Design*. Lausanne, Switzerland: AVA Publishing SA.

Wallace, David.2004. *Urban Planning/My Way*. Chicago: Planners Press.

Walters, David.2007. *Designing Community: Charrettes, Master Plans and Form-Based Code*. Oxford: Architectural Press.

Weller, Richard.2009. *Boom Town 2050: Scenarios for a Rapidly Growing City*. Crawley, Western Australia: University of Western Australia Publishing.

Wilkinson, Paul F.1985."The Golden Fleece: The Search for Standards." *Leisure Studies* 4(2): 189–204.

Yang, Pei-Ju Perry, Simon Yanuar Putra, and Meutia Chaerani.2007."Computing the Sense of Time in Urban Physical Environment." *Urban Design International* 12: 115–129.

Yeang, Ken.1995. *Designing with Nature: The Ecological Basis for Architectural Design*. New York: McGraw-Hill.

——.2006. *Ecodesign: A Manual for Ecological Design*. London: Wiley Academy.

Yin, Robert K.2003. *Case Study Research: Design and Methods*.2nd ed.Thousand Oaks, CA: Sage Publications.

——.2009. *Case Study Research: Design and Methods*. 4th ed.Thousand Oaks, CA: Sage Publications.